普通高等教育“十二五”规划教材

水工结构工程抗震导论

主　编　闫毅志
副主编　杨华舒

中国水利水电出版社
www.waterpub.com.cn

内 容 提 要

全书共分6章。主要内容有：绪论，地震基础知识，工程抗震概论，地震动特性，反应谱，结构地震反应分析。本书根据水工建筑物抗震设计规范（SL 203—97）编写的。

本书为高等学校水利水电工程专业及相关专业教材。本书除作为教材外，还可供水利工程技术人员参考。

图书在版编目（CIP）数据

水工结构工程抗震导论 / 闫毅志主编. -- 北京 : 中国水利水电出版社, 2011.6(2024.7重印).
普通高等教育"十二五"规划教材
ISBN 978-7-5084-8685-7

Ⅰ. ①水… Ⅱ. ①闫… Ⅲ. ①水工结构-防震设计-高等学校-教材 Ⅳ. ①TV312

中国版本图书馆CIP数据核字(2011)第115007号

书　　名	普通高等教育"十二五"规划教材 **水工结构工程抗震导论**
作　　者	主　编　闫毅志　　副主编　杨华舒
出版发行	中国水利水电出版社 （北京市海淀区玉渊潭南路1号D座　100038） 网址：www.waterpub.com.cn E-mail：sales@mwr.gov.cn 电话：（010）68545888（营销中心）
经　　售	北京科水图书销售有限公司 电话：（010）68545874、63202643 全国各地新华书店和相关出版物销售网点
排　　版	中国水利水电出版社微机排版中心
印　　刷	北京中献拓方科技发展有限公司
规　　格	184mm×260mm　16开本　7.5印张　178千字
版　　次	2011年6月第1版　2024年7月第3次印刷
定　　价	**32.00**元

前言

2008年5月12日四川省汶川县发生8.0级强烈地震，这次地震是新中国成立以来震级最强、造成的灾害损失最大、抗震救灾难度最大的一次地震，给震区特别是震中附近广大范围内造成重大灾害。此次地震对震区水利水电工程的影响范围和程度也很大，尽管未出现地震致使大坝溃决的情况，但有些工程还是受到严重破坏，甚至面临溃坝风险，给下游人民生命财产和社会经济发展带来严重威胁。因此，进一步开展水利工程抗震相关领域的研究，预防和减轻水利工程因地震引发的严重次生灾害仍是一个十分艰巨的任务。

汶川大地震再次表明，我国作为一个多地震国家，特别是当前水利工程建设重点所在的西部地区，更是高地震烈度区，发生强震的可能性和频度较大。确保水工建筑物的抗震安全，防止严重地震灾害，是我国水利工程建设中一个必须面对的严峻挑战。水工结构工程的抗震安全为国家和社会所高度关注，必须予以充分重视。因此，保证水工结构工程在重大地震灾害中的抗震安全是社会和有关部门的责任。

近年来，虽然我国在水工建筑物抗震研究中已取得了显著进展，为工程建设提供了一定依据，但由于强地震的很多不确定性和水工结构抗震的高度复杂性，仍然存在诸多有待深入研究和解决的关键技术问题。由于没有比较适合水工结构工程抗震方面的教材，作者根据自己的教学资料和经验，编写了本书。

本书是由昆明理工大学闫毅志副教授和杨华舒教授编写。在编写本书过程中得到各兄弟院校和工程单位的大力协助和热情支持，在此一并致谢。对于书中存在的错误和缺点，希望读者批评指正。

编者

2011年5月

目 录

前言

第 1 章　绪论 …… 1
1.1　地震对社会的危害 …… 1
1.2　地震对我国的危害 …… 14
1.3　我国政府的地震政策 …… 14
1.4　地震灾害现象 …… 15
1.5　结构震害教训 …… 16
1.6　汶川地震对水利工程建设的审视 …… 17
本章复习思考题 …… 19

第 2 章　地震基础知识 …… 20
2.1　地震基础知识 …… 20
2.2　构造地震的成因 …… 34
2.3　地震自救基本知识 …… 38
本章复习思考题 …… 43

第 3 章　工程抗震概论 …… 44
3.1　地震安全性评价 …… 44
3.2　地震区划 …… 45
3.3　工程结构抗震设防原则 …… 46
3.4　抗震设计极限状态概念 …… 48
3.5　结构抗震设计基本参数 …… 49
3.6　结构抗震设计原则 …… 49
本章复习思考题 …… 50

第 4 章　地震动特性 …… 51
4.1　地震动的观测 …… 51
4.2　地震动的随机过程 …… 55
4.3　地震动特性 …… 60
本章复习思考题 …… 65

第 5 章　反应谱 …… 66
5.1　单自由度体系的地震反应 …… 66
5.2　反应谱与其他频谱的关系 …… 69
5.3　反应谱的特性 …… 72
5.4　设计反应谱 …… 75
本章复习思考题 …… 75
第 6 章　结构地震反应分析 …… 76
6.1　概述 …… 76
6.2　刚性地基上结构的响应 …… 77
6.3　多支座不同干扰时结构的响应 …… 80
6.4　结构与地基的动力相互作用 …… 82
6.5　结构与水体的动力相互作用 …… 95
本章复习思考题 …… 113
参考文献 …… 114

第1章　绪　　论

本章内容提要

本章主要内容有地震对人类社会的危害性、地震对我国的危害性、我国政府的地震对策、地震灾害现象、地表破坏、工程结构的破坏、结构震害教训。

1.1　地震对社会的危害

地震，是迄今人类力量无法控制的自然灾害。地震灾害号称“群灾之首”，每一次大地震爆发时，都释放出巨大的地震能量，造成地表和人为工程的大量破坏，严重危及人民生命和财产的安全，并造成惨重的经济损失。

据统计，地球上平均每年都要发生近千次的破坏性地震，其中破坏力巨大的灾难性大地震即达十几次，这些地震在它们波及的范围内，均造成惨重的生命财产损失。例如，1976年我国河北唐山大地震，整个城市在片刻之间即沦为一片废墟，地震造成了24万余人丧生，直接经济损失近100亿元人民币（按当时的币值计算）。在国外，也有类似的惨重地震灾难记录，比较典型的如1906年的美国旧金山大地震和1923年的日本关东大地震，前者事件使7万余人丧生，后者使10万余人死亡，4万余人下落不明。2008年5月12日中国汶川发生了8.0级地震，2010年4月14日中国玉树发生了7.1级地震，2011年3月11日日本宫城县以东海底发生9.0级地震，又在4月11日日本福岛县发生7.0级地震。即使是在人类对地震知识和工程抗震均取得长足进步的情况下，地震仍然造成了令人触目惊心的惨重损失。近百年来世界各国大地震情况见表1-1。

表1-1　　近百年来世界各国大地震一览表

名　称	时　间	地　点	震级（级）	死亡人数
意大利墨西拿大地震	1908年12月18日5时25分	西西里岛墨西拿市	7.5	7.5万人
日本关东大地震	1923年9月1日上午11时58分	日本横滨、东京一带	8.2	13万余人
土耳其大地震	1939年12月27日凌晨2时到5时	东部城市埃尔津詹	8.0	5万人
智利大地震	1960年5月21日下午3时	智利	8.5	1万人死亡或失踪
秘鲁大地震	1970年5月31日	秘鲁最大的渔港钦博特市	7.6	6万多人死亡
中国唐山大地震	1976年7月28日3时42分	河北省唐山市	7.8	24.2万人
墨西哥大地震	1985年9月19日上午7点19分	西部太平洋沿岸4个州	7.8	3.5万人
伊朗大地震	1990年6月21日凌晨	西北部	7.3	5万人

续表

名　称	时　间	地　点	震级（级）	死亡人数
日本神户大地震	1995 年 1 月 17 日晨 5 时 46 分	日本神户市	7.2	5400 多人
印度洋地震海啸	2004 年 12 月 26 日早 8 点	印尼苏门答腊岛北部	8.9	30 万人
中国汶川地震	2008 年 5 月 12 日 14 时 28 分	四川汶川县	8.0	69226 人死亡、17923 人失踪
印尼苏门答腊地震	2009 年 9 月 30 日当地下午	印尼苏门答腊岛海域	7.9	1115 人死亡、近 210 人失踪
海地地震	当地时间 2010 年 1 月 12 日 16 时 53 分	海地	7.3	约 30 万人丧生
智利地震	当地时间 2010 年 2 月 27 日 3 时 34 分	智利	8.8	507 人
中国玉树地震	2010 年 4 月 14 日 7 时 49 分	青海玉树	7.1	300 人死亡，8000 人受伤
日本	北京时间 2011 年 3 月 11 日 13 时 46 分	日本本州岛仙台港以东 130km 处	9.0	
日本	北京时间 2011 年 4 月 11 日 17 时 16 分	日本福岛县和茨城县	7.0	截至 11 日 19 时，地震海啸灾害已造成 13130 人死亡，13718 人失踪

1906 年美国旧金山大地震，见图 1-1。

1923 年日本关东大地震，见图 1-2。

唐山地震是 20 世纪十大自然灾害之一。1976 年 7 月 28 日 3 时 42 分发生于河北唐山的地震，震级 7.8 级，震中烈度Ⅺ度，见图 1-3。同日 18 时 43 分，在距唐山 40 余 km 的滦县又发生 7.1 级地震，震中烈度Ⅸ度。唐山地震发生在工业城市，人口稠密，损失十分严重。唐山市区建筑物多数基本倒平或严重破坏，铁轨发生蛇形扭曲，地表发生大量裂缝，还有喷水冒沙、塌陷，震前伴有发光现象。242769 人死亡，164851 人受伤。邻近的天津市也遭到Ⅷ～Ⅸ度的破坏。有感范围波及辽宁、山西、河南、山东、内蒙古等 14 个省、自治区、直辖市，破坏范围半径约 250km。震源物理研究表明，该地震的震源错动过程较复杂。

2008 年 5 月 12 日 14 时 28 分 04 秒，汶川县映秀镇南方向约 11km 处（北纬 31°，东经 103°24′）发生里氏 8.0 级特大地震，震源深度 14km。昔日秀美繁华的映秀几乎被夷为平地。

截至 2009 年 4 月 25 日 10 时，汶川大地震遇难 69227 人，受伤 374643 人，失踪 17923 人。其中四川省 68712 名同胞遇难，17921 名同胞失踪，共有 5335 名学生遇难或失踪，直接经济损失达 8451 亿元。

这是新中国成立以来影响最大的一次地震。震级是自 1950 年 8 月 15 日西藏墨脱地震（8.5 级）和 2001 年昆仑山大地震（8.1 级）后的第三大地震，直接严重受灾地区达 10 万 km^2。

(a)

(b)

(c)

图1-1 1906年美国旧金山大地震（San Francisco Earthquake，April 18，1906）
(a) 地震引发火灾（次生灾害）；(b) 人们从睡梦中惊醒逃难；(c) 城市沦为一片废墟

(a)

(b)

(c)

图1-2　1923年日本关东大地震（Tokyo Earthquake，Sept. 1，1923）

(a) 地震引发火灾（次生灾害）；(b) 劫后余生；(c) 城市沦为一片废墟

(a)

(b)

(c)

图 1-3　1976 年唐山大地震（Tangshan Earthquake，July 28，1976）
(a) 城市一片废墟；(b) 桥梁断裂；(c) 轨道变形

汶川地震使水电站破坏，造成了严重损失：阿坝州岷江流域 130 座水电站受损（不包括紫坪铺电站），受损装机容量 256.85 万 kW，占全州装机容量的 90%，直接经济损失 151.53 亿元，映秀湾、太平驿、福堂、渔子溪一、二级基本全毁。汶川、理电网全面瘫痪，35kW 以上输电线路受损 1638.5km，造成直接经济损失 28.2 亿元。四川省受损水电站 470 余座，装机容量 330 万 kW，10kV 以上停运输电线路 457 条，倒杆（塔）85377 根，断线 31969km。水利部副部长鄂竟平 2008 年 5 月 25 日在国新办新闻发布会上告知，水利设施灾后的修复重建，包括应急除险在内，共需资金 360 亿元。受损电站面临一系列难题：一是不能恢复重建电站的投资回收和职工就业问题严峻；二是刚投入运行电站的还贷和收益受到巨大影响，预期效益难以实现，恢复重建又需大量投入；三是许多大坝受损，厂房、开关站、输电线路受损严重，上游和库区地质环境进一步恶化，运行成本增加。地震造成破坏见图 1-4～图 1-6。

汶川 8.0 级地震发生后，中国地震局组织专家赴四川、甘肃、陕西、重庆、云南、宁夏等省（自治区、直辖市）开展了现场调查，调查面积达 50 万 km^2，调查点 4150 个，在实地调查基础上，编绘了汶川 8.0 级地震烈度分布图。

图 1-4 汶川地震后北川县城破坏情况

图 1-5 汶川地震发生后山坡被严重剥蚀

图 1-6　汶川地震发生后太平驿电站漫顶

各烈度区面积和范围如下：

汶川 8.0 级地震Ⅵ度区以上面积合计 440442km²，其中：

Ⅺ度区：面积约 2419km²，以四川省汶川县映秀镇和北川县县城为两个中心呈长条状分布，其中映秀Ⅺ度区沿汶川—都江堰—彭州方向分布，长轴约 66km，短轴约 20km，北川Ⅺ度区沿安县—北川—平武方向分布，长轴约 82km，短轴约 15km。

Ⅹ度区：面积约 3144km²，呈北东向狭长展布，长轴约 224km，短轴约 28km，东北端达四川省青川县，西南端达汶川县。

Ⅸ度区：面积约为 7738km²，呈北东向狭长展布，长轴约 318km，短轴约 45km。东北端达到甘肃省陇南市武都区和陕西省宁强县的交界地带，西南端达到四川省汶川县。

Ⅷ度区：面积约 27786km²，呈北东向不规则椭圆形状展布，东南方向受地形影响不规则衰减，长轴约 413km，短轴约 115km，西南端至四川省宝兴县与芦山县，东北端达到陕西省略阳县和宁强县。

Ⅶ度区：面积约 84449km²，呈北东向不规则椭圆形状展布，东南向受地形影响有不规则衰减，西南端较东北端紧窄，长轴约 566km，短轴约 267km，西南端至四川省天全县，东北端达到甘肃省两当县和陕西省凤县，最东部为陕西省南郑县，最西为四川省小金县，最北为甘肃省天水市麦积区，最南端为四川省雅安市雨城区。

Ⅵ度区：面积约 314906km²，呈北东向不均匀椭圆形展布，长轴约 936km，短轴约 596km，西南端为四川省九龙县、冕宁县和喜得县，东北端为甘肃省镇原县与庆阳市，最东部为陕西省镇安县，最西边为四川省道孚县，最北部达到宁夏回族自治区固原县，最南为四川省雷波县。

汶川地震烈度说明：

（1）本次地震的震中烈度达Ⅺ度，以汶川县映秀镇和北川县县城为两个中心。

（2）Ⅸ度以上地区破坏极其严重，其分布区域紧靠发震断层，沿断层走向成长条形状；Ⅹ度和Ⅸ度边界受龙门山前山断裂错动的影响，在绵竹市和什邡市山区向盆地方向突出，都江堰市区也略有突出。

（3）在山前盆地边缘的过渡带，烈度向东衰减很快，而西侧则衰减相对较缓。

（4）烈度分布南北也不对称，Ⅷ度区和Ⅶ度区范围向四周扩大，且相同烈度的区域在北部比南部大，进入甘肃省和陕西省境内，显示出断层破裂向北东方向传播，最大余震发生在断层北部。

（5）Ⅵ度区在四川盆地和丘陵地区分布范围很广，一直延续到重庆市西部和云南省昭通市北端，在四川省西部面积相对要小。

（6）此次地震有多个烈度异常区，其中汉源为位于Ⅵ度区的Ⅷ度异常区，其余均为高于所在区一度的异常区，包括：康县（Ⅸ度异常区）、中江（Ⅷ度异常区）、通江（Ⅶ度异常区）、洪雅（Ⅶ度异常区）、宝鸡—岐山—眉县（Ⅶ度异常区）、西安（Ⅵ度异常区）。

北京时间 2010 年 4 月 14 日 7 时 49 分许，青海省玉树藏族自治州玉树县（北纬 33.1°，东经 96.1°）发生 7.1 级地震，震源深度 14km。据中国地震台网中心预报部主任刘杰介绍，截至 14 日下午 14 时，青海玉树县 7.1 级地震已经发生 18 次余震，未来震区余震活动频繁。截至 19 日 8 时，中国地震局台网共记录到玉树地震余震总数为 1206 次，其中 3.0 级以上余震 12 次。截至 4 月 20 日 10 时，玉树地震遇难人数为 2046 人，失踪 193 人，受伤 12135 人，其中重伤 1434 人。地震破坏见图 1-7～图 1-9。

图 1-7 玉树地震后县城成一片废墟

图 1-8 搜救人员在寻找幸存者

图 1-9 居民房屋成废墟

站3月12日下午4点左右发生爆炸，有多人受伤，如图1-15所示。核电装置部分损坏，进一步损伤未知。据悉，日本里氏9.0级强震造成该国两座核电站的5台机组停转，日本政府为此已宣布“核能紧急事态”，并于12日首次确认福岛核电站出现泄漏，大批居民被疏散。核电站事故：福岛第一核电站1号、2号、3号反应堆冷却系统失灵，4号反应堆出现火情，如图1-16所示。此次核辐射泄漏造成大范围受到污染，影响程度和深度久远，对各国经济的持续恢复受到阻碍，核电利用敲响警钟。我国已全面检查核电设备，确保安全运行。截至2011年4月11日19时，地震海啸灾害已造成13130人死亡，13718人失踪。

图1-11　日本2011年3月11日地震引发火灾

图1-12　日本2011年3月11日地震引发海啸

图 1-13 日本 2011 年 3 月 11 日地震的海啸破坏

图 1-14 日本 2011 年 3 月 11 日地震的海啸破坏

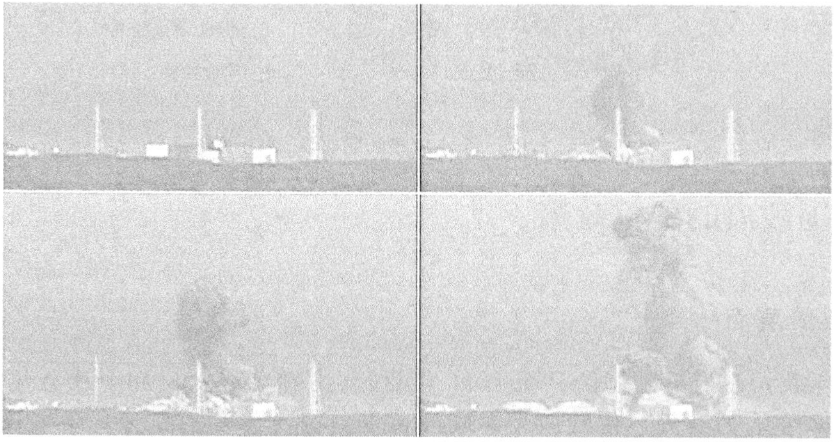

图 1-15 日本 2011 年 3 月 12 日福岛核电站 1 号机组发生爆炸

图 1－16　日本 2011 年 3 月 11 日福岛核电站反应堆示意图

1.2　地震对我国的危害

我国是世界上地震活动最强烈的国家之一，地震灾害历来是我国最大的自然灾害之一。在我国古代，很早就有诸如“鳌鱼翻身”之类的神话传说，描绘了古人对地震现象的恐惧心理。据统计，在我国历史上，除个别省（如贵州省）外，其余全国各省（自治区）都发生过震级大于 6 级的地震。我国有史记载的最为惨重的地震灾难发生在 1556 年陕西的关中地震，在这次地震中，被害的有名可查者即达 83 万余人。地震灾害的死亡人数最多，最容易引起社会恐慌的灾害。各种自然灾害损失对比见图 1－17。

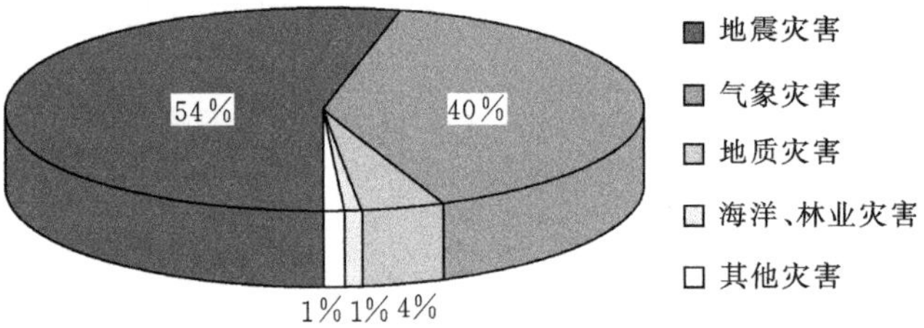

图 1－17　各种自然灾害损失对比

1.3　我国政府的地震政策

1.3.1　政策层面

1994 年我国政府确定了防震减灾 10 年目标：“在各级政府和全社会共同努力下，争取用 10 年左右的时间，使我国大中城市和人口稠密、发达地区具备抗御 6 级左右地震的能力。”我国政府于 1998 年 3 月 1 日开始，正式实施第一部规范防震减灾工作的重要法律——《中华人民共和国防震减灾法》，使防震减灾工作步入法制化管理的轨道。

按照《中华人民共和国防震减灾法》的要求，我国未来防震减灾的任务十分艰巨：根据现行的地震烈度区划图，我国地震基本烈度在Ⅵ度及以上的地震区面积占到全国面积的60%，Ⅶ度和Ⅶ度以上的地震区面积占全国面积的1/3；我国有46%的城市位于基本烈度Ⅶ度或Ⅶ度以上的地震区。随着城市化进程的加快以及社会人口和财富向现代中心城市的集中，城市的防震减灾问题将更显突出。

因此，对防震减灾问题、尤其是人口稠密、经济发达的中心城市的防震减灾问题，必须引起足够的重视，并加大对防震减灾的投入。

1.3.2 技术层面

地震灾害如此巨大，该怎样减轻灾害？

解决方案：其一，依靠地震预测、预报（地震学）；其二，抗震设防（地震工程）。地表断裂错位无法抗拒，抗震设防避让地面震动（Earthquake Ground Motion）——提高抗震水平。实践证明，采取适当的抗震措施以后，95%以上的地震灾害都能够避免或大大减小。

1.4 地震灾害现象

地震事件具有突发性和毁灭性。一次破坏性地震的爆发，往往伴随有一次灾害、二次灾害和多次灾害。所谓一次灾害系指地震造成的直接灾害，如地表和工程结构的破坏等；二次灾害是指由一次灾害诱发的次生灾害，如地震后的火灾、水灾、海啸、泥石流、有毒物质污染等；三次灾害是指由一、二次灾害引起的停工停产、城市瘫痪、社会混乱、瘟疫蔓延等。在人口稠密、经济发达地区爆发的地震，其引起的二次灾害和三次灾害的损失，可能远远高于直接灾害的损失。以下简要介绍地震造成的直接灾害现象。

1.4.1 地表破坏

地震造成的地表破坏现象主要有地表断裂、滑坡、砂土液化、软土震陷等。

1. *地表断裂*

地表断裂又称地裂缝，地裂缝有构造地裂缝和重力地裂缝两种，两者不能混淆。构造地裂缝与地质构造有关，是地震断层错动后在地表留下的痕迹。一般说来，构造断裂切割很深，可以从地壳内的岩层断裂起，直达地表，而且不受地形地貌的影响。沿着震源体错动方向，构造地裂缝可断断续续地延伸数十甚至上百公里，如著名的美国圣·安德列斯（San Andress）断层即为典型的构造地裂缝。重力地裂缝是由于地面土质软硬不匀及微地貌重力影响，在地震动作用下形成的。它与震前土质的稳定状态密切相关，其规模不能反映地震动的强烈程度。这种地裂缝在地震区分布极广，在道路、古河道、河岸、堤上等松软潮湿土壤处常可见到。地裂缝穿过的地方可引起房屋开裂以及道路、桥梁等工程设施的破坏，并对地下管道造成严重破坏。

2. 滑坡

滑坡是指山坡在河流冲刷、降雨、地震、人工切坡等因素影响下，土层或岩层在重力作用下沿着一定的软弱面（或软弱带）整体或分散地顺斜坡向下滑动的现象。地震引起的滑坡是山区或丘陵地区的震害特点。滑坡还出现在不稳定的人工边坡开挖面以及平原地区的河岸等。地震时，大滑坡可以切断公路，冲毁房屋和桥梁，堵塞河流，严重时还会导致上游水位上涨淹没大片土地，危及城镇居民。

3. 砂土液化

地震动使排列较松散的饱和无黏性土颗粒产生压实趋势，若短时间内土中的水排泄不出，则土体内部产生超静定孔隙水压力，当孔隙水压力增大到与砂土剪切面上的正应力相等时，土颗粒便形同"液体"呈悬浮状态，使土体抗剪强度丧失；另一方面高压力的孔隙水寻找通道冲出地面，并将砂土颗粒带了出来，形成"喷水冒砂"现象。砂土液化造成对农田的破坏和地面不均匀沉降。1964 年美国阿拉斯加地震和日本新潟地震，这两次地震都因砂土液化造成地基失稳并导致大量工程结构严重破坏而闻名于世。1975 年我国海城地震和 1976 年唐山地震中，也都出现大面积的砂土液化现象。

流滑是砂土液化引起的最具灾难性的破坏现象。由完全液化的土和盖在液化土层上面的完整土层组成的长达几十米甚至更广大的土体可能以每小时几十公里的速度沿着斜坡下滑。

1964 年阿拉斯加地震中，海岸的水下流滑卷走了许多港口设施并引起海岸涌浪，造成沿海地带的次生灾害。1920 年，我国甘肃地震触发了坡谷土体惊人的连续流滑。

4. 软土震陷

软土震陷虽在地震中时有发生，但是，人们研究得很少。一般软土系指水下天然沉积的饱和黏性土（包括淤泥、淤泥质土、泥炭质上等），具有高压缩性及高孔隙比，含水量高，承载力低。我国滨海城市如天津、上海等地的部分地区属于这一类土。软土震陷的主要特征是在强烈地震作用下，孔隙水压力增大，并从边界排出，软黏土被压密，产生沉陷或不均匀沉陷。对于工程结构来说，特别是超静定结构，不均匀沉陷引起的内力重分布可导致结构破坏乃至倒塌。

1.4.2　工程结构破坏

工程结构破坏表现在砂土液化、断层错动引起的结构破坏现象和典型的结构震害现象(包括建筑结构软弱层机制破坏、钢筋混凝土柱压弯破坏和剪切破坏、梁柱节点破坏、框架填充墙剪切破坏，桥梁结构落梁、整体或部分倒塌、钢筋混凝土桥墩压弯破坏和剪切破坏、桥梁碰撞、节点破坏、现代斜拉桥震害现象等)。

1.5　结构震害教训

（1）结构抗震设防应采用性能设计原则。即在综合考虑工程造价、结构遭遇地震作用水平、结构的重要性、耐久性和修复费用等因素下，定义结构允许的损坏程度（性能）。

（2）结构抗震设计应同时考虑强度和延性，尤其注重提高结构整体及延性构件 的延性能力。

(3) 重视采用减隔震的设计技术，以提高结构的抗震性能。

(4) 对体系复杂的结构，强调进行空间非线性动力时程分析的必要性。

(5) 对桥梁结构，应重视支座的作用及其设计，同时开发更有效的防落梁装置。

(6) 充分认识到按早期规范设计的旧结构的地震易损性，认识到对重要的旧结构进行抗震加固的紧迫性和必要性。

(7) 充分认识到城市生命线工程遭受地震破坏可能导致的严重社会后果，认识到保证城市生命线工程抗震安全性的意义。

(8) 充分认识到，地震区的一切新建工程都必须严格按照国家颁布的抗震设计规范进行设防，为此而增加一些基建投资是值得的和必要的。

1.6 汶川地震对水利工程建设的审视

从汶川大地震看我国水工结构工程的防震减灾。

2008 年 5 月 12 日 14 时 28 分，在四川省汶川县境内发生 8 级特大地震，震中烈度达Ⅹ度以上。据历史不完全记载，我国曾发生 7.8 级以上大地震 25 次，给人民生命财产造成重大损失。不仅如此，强地震还会造成震区大量水利工程震损。1976 年 7 月 28 日发生的唐山 7.8 级大地震，就使各类水利工程遭到严重破坏：地震区 58 座库容在 100 万 m^3 以上各型水库，除 15 座无明显震害外，其余 43 座均遭受不同程度的震害，尤以陡河、密云两座大型水库遭受的破坏最为严重；180 多座大中型水闸、40 余座 $10m^3/s$ 以上大型排灌站遭受不同程度的震害；800 多 km 长的河道堤防、7 万多眼机井遭受震害。

汶川大地震，同样也给四川地震区及波及区的重庆等地水利工程造成不同程度的震害，尤其是造成众多水库出现险情。汶川大地震，具有以下特点：①震级大，震中烈度高，破坏范围广。汶川、茂县、绵竹、安县、北川等县及都江堰市均遭到严重破坏。②主震后，强余震不断。在震后两天内，就发生余震 2000 多次，其中震级为 6 级以上的 3 次，震级为 5 级以上的 14 次。强余震不仅加重了对建筑物的破坏，也对抢险救灾人员的生命安全构成威胁。③大地震发生在高山峡谷地区，往往诱发山体崩塌、滑坡，不仅阻塞交通，给抢险救灾造成困难，而且滑坡体落入河中，形成众多堰塞湖，一旦湖满溃决，还会造成次生水灾。④地震区穿过岷江，岷江上的各类水工建筑物，如都江堰枢纽工程、映秀湾水电站、渔子溪水电站、紫坪铺水库、图龙水库等，均经受强烈地震的考验。

一次大的地震过后，水利工程结构不可避免地受到一定影响和损害。为将严重的地震灾害减小到最低限度，长期以来，国内外地震专家和工程界人士一直进行着各种探讨和研究。归纳起来，当今水利工程的防震减灾主要有三个途径。①地震预报。通过建立地震台网，精确测定地震的时间、强度、地点，结合测地电、地磁、地下水等地震前兆，进行综合分析，提出地震预报。人们可在地震发生前逃出，就能有效减少人员伤亡，而建筑物是无法搬走的。但由于问题的复杂性和预报手段的局限性，地震预报工作至今仍然是世界上尚待解决的难题。②工程抗震。根据工程运用期间可能发生的最大地震，确定工程的设计烈度，再按照设计烈度进行抗震计算和采取相应的抗震措施，当遭遇设计烈度地震时，可达到小震不坏、中震可修、大震不倒的目标，不仅可以有效减少人员伤亡，还可减轻工程的灾害。此途径是非常有效的。发展中国家资金不足，房屋多未进行抗震设计，一旦发生大地震，人员伤亡惨重，而发达国家（如日本等）多进行了抗震设计，当遭遇同样震级地震时，人员伤亡则要少许多。我国是发展中国家，随着经济的高速发展，对重要工程、重要城市以及生命线工程，必须按照抗震设计规范的要求进行抗震设计。③应急抢险救灾。强震发生后，应立即启动应急预案，尽快恢复被破坏的一交（交通）、二电（电信和电力）、三水（供水），为抢险救灾人员和救灾物资进入灾区抢救伤员和保障灾区人民正常生活服务。同时，全面清查次生灾害源，采取措施，防止次生灾害的发生。

水工结构工程不仅属生命线工程，而且是次生灾害源。因此，必须对工程抗震非常重视。早在1966年3月8日河北邢台地震后，周恩来总理就明确指示，抗震工作的重点是保卫“四大”，即保卫大城市、大交通枢纽、大水库、大电力枢纽。当时的水电部立即组织力量对京津地区的大水库进行抗震鉴定，对不满足抗震设计要求的大水库进行抗震加固。1973～1978年，又组织力量编写出我国第一部水工建筑物抗震设计规范，并颁布试行。这一规范特别强调，对于1级高坝，还应深入进行地震危险性分析，结构动力有限元分析，抗震模型动力试验和在大坝上布置强震仪进行大坝安全监测。1983～1989年又组织力量完成修编任务。根据这一规范，水利部分期分批对达不到规范要求的病险水库进行除险加固，新建工程则严格按照规范进行设计。按新水工建筑物抗震设计规范设计的四川紫坪铺大型水库，去年刚刚竣工，在这次汶川大地震中，经受住了考验。这充分显示出工程抗震是防震减灾的有效措施。

水工结构工程的管理条例，特别强调在发生强烈地震时，应立即对大坝进行震害检查，结合大坝结构所设的强震监测仪器取得的地震监测记录数据，对大坝安全作出评估。若属危险大坝，应上报主管部门，启动应急预案，进行抗震抢险，以防次生水灾的发生。历次大地震发生后，水利部均选派有关人员立即奔赴灾区，与地方政府及水利部门，共同进行水工建筑物震害调查，查出险库，共同研究除险方案。如1976年7月28日河北唐山7.8级大地震发生后，当时的水电部立即决定派正在潘家口水库施工的工程兵部队赴唐山陡河水库、陡河电厂抗震救灾，并请派部队到密云水库进行抢险；部相关领导奔赴地震灾区，与地方领导共同在现场指挥抗震救灾工作，还组织3个抗震救灾小分队，到现场进行救灾和震害调查，以防次生水灾的发生。汶川8级大地震后，水利部矫勇副部长又立即带领有关人员奔赴灾区，进行抗震救灾工作。

发生在高山峡谷地区的大地震，往往诱发山体崩塌、滑坡、泥石流，有时还会形成堰塞湖，甚至造成次生水灾。如1933年8月25日四川叠溪发生7.5级大地震，山崩滑坡堵塞岷江，形成银瓶崖、大桥、叠溪三大堰塞湖。地震后45天，叠溪堰由盈溢导致溃决，将沿岸的茂县、汶川、灌县大部分村镇席卷而去，夺去了2500余人的生命。1961年4月14日新疆巴楚发生6.8级强震，西克尔水库大坝南北向坝段发生了严重坍塌和裂缝，坝基出现液化。1974年云南昭通地震时，手扒崖山崩塌，使木杆河断流，形成堰塞湖。由于采取人工爆破拆除措施，避免了次生水灾的发生。

大灾过后，需要人们进行深刻的反思。我国目前在水利工程地震临震应急方面还有很多工作要做，大坝结构的强震监测、震后安全快速反应分析及大坝地震安全的网络信息化建设有待加强。从1962年新丰江建立第一个强震观测台站至今，我国设立了地震台站的大型水利水电工程仅有近40座，设立过3个子台以上地震台的工程约20多处。现状水工结构强震安全监测台只是零星的“点”，国内水利工程地震监测台站数量少且分散，还远未形成“台网”的规模，并存在一些亟待解决的问题：已有的各水利工程地震监测台站信息资源管理分散，资料缺乏统一的规格和标准，利用率低，规模小，数据的完整性不够，设备落后，准确性不高，数据交换接口不规范；应用系统互联互通性差，台站分析人员水平参差不齐，监测数据的可靠性和分析质量不高，资料的实际利用价值发挥不够，缺乏可供决策部门宏观调度的中央管理分析系统。这些问题，在某种程度上大大削弱了在水利工程抗震减灾中解决实际问题的力度。

我国的水能资源约80%集中在西部地区。我国是世界上地震活动性最强的国家之一，地震烈度总体上看，以西部地区为最高。因此，水利工程抗震安全具有十分特殊的重要性。一座大型水利工程投资高达几十亿甚至几百亿元，一旦发生严重震害，不仅危及工程本身安全，还会产生连锁反应，引发次生水灾，而且次生灾害造成的损失往往超过地震本身造成的损失。为确保拟开发的水电工程和已建水利枢纽的安全建设与生产，必须做到一旦发生地震，技术支持及时到位，快速对大坝的安全做出地震反应评价，提出应急措施，制定抗震减灾方案，并通过远程通信网络将抗震减灾的方案与措施在最短的时间内呈报至决策部门，使地震引起的直接灾害与次生性灾害降至最低限度。

因此，如何推动水工结构工程抗震防灾工作的深入开展，是这次汶川大地震后，应该引起我们重视的问题。

本章复习思考题

(1)《中华人民共和国防震减灾法》的主要内容是什么？

(2) 地震引起的地表破坏现象有哪几种？

(3) 工程结构主要有哪些震害现象？

(4) 近年来结构震害的主要经验教训是什么？

第2章 地震基础知识

本章内容提要

本章主要内容有地震基础知识、地震术语、地震分类、地震震级与烈度、波动方程、地震波、地震波的传播、地震动。

2.1 地震基础知识

2.1.1 地震术语

地震是指地壳在内、外营力作用下，集聚的构造应力突然释放，产生震动弹性波，从震源向四周传播引起的地面颤动，如图2-1所示。

（1）震源。地球内部发生地震的地方称为震源。震源是地震能量的释放中心，理论上可以将震源看作一个点，而实际上是一个区。

（2）震源深度。将震源看作一个点，该点到地面的垂直距离称为震源深度。

（3）震源距。从震源到观测点的距离称为震源距。

（4）震中。震源在地面的投影称为震中。震中附近的区域称为震中区，理论上震中区地面上遭受最严重的地区（极震区），但实际上由于地表局部地质条件的影响，震中区不一定与极震区相同。

（5）震中距。在地面上，从震中到观测点沿大圆弧测量的距离称为震中距。

（6）震级。表示地震能量大小的等级标度。

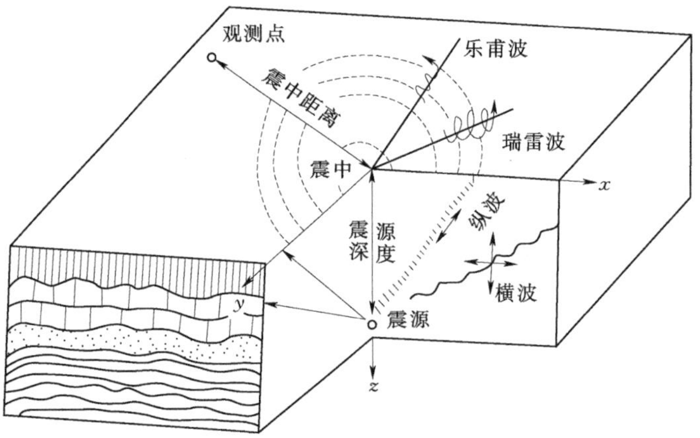

图2-1 地震术语图示

(7) 地震波。地震引起的振动以弹性波的形式从震源向各个方向传播并释放能量。这种传播地震能量的弹性波称为地震波。

(8) 主震。在某地区的某段时间内，与其前后相比，地震显著频繁发生，其中规模最大、释放地震能量最多者称为主震。

(9) 前震。发生在主震以前的地震。

(10) 余震。发生在主震以后的地震。

2.1.2 地震分类

地震可分为天然地震和人为地震两大类。人为地震，主要指人工爆破、矿山开采、深井抽液或注液和工程活动（如兴建水库）所诱发的地震。人为地震一般都不太强烈，仅有个别情况（如水库地震）会造成较大破坏。

天然地震可以有以下几种不同的分类方法：①按成因分类；②按震源深度分类；③按震级分类；④按震中距分类。

按成因分类主要有火山地震、陷落地震和构造地震。

由于火山活动而引起的地震叫火山地震。由于地下岩洞突然塌陷而引起的地震叫陷落地震。构造地震则是地球内部岩层构造活动在某些阶段发生急剧变化时引起的。天然地震中，构造地震发生的次数最多（约为全球地震总数的90%），涉及的范围最广，释放的能量最大，造成的危害也最大，是地震工程研究的主要对象。

按震源深度分类可分为浅源地震、中源地震和深源地震三类。

浅源地震是指震源深度小于60km地震。浅源地震造成的危害最大。我国发生的地震，绝大多数是浅源地震，震源深度在10～20km。中源地震是指震源深度在60～300km之间的地震。中源地震主要分布在台湾省东部沿海、西藏雅鲁藏布江以南地区和新疆帕米尔附近，其震源深度在100～200km间。深源地震则是指震源深度大于300km的地震。深源地震集中分布在黑龙江、吉林两省交界处的牡丹江一延吉一线以东地区，震源深度在400～600km之间。目前世界上观测到的地震中，最大震源深度约为720km。

当震源深度超过100km时，通常不会在地面上造成震害。

按震级分类可分为微震、有感地震、中强地震和强震四类。

微震是指震级小于2级的地震。微震人们感觉不到，只有仪器才能记录到。有感地震是指震级在2～5级之间的地震。有感地震一般人可以感觉到。中强地震是指震级大于5级、小于7级的地震。中强地震能造成不同程度的破坏。强震是指震级大于7级的地震。强震往往具有巨大的破坏性。

按震中距分类可分为地方震、近震和远震三类。

地方震是指离观测点的震中距小于100km的地震。近震是指离观测点的震中距小于1000km的地震。远震是指离观测点的震中距大于1000km的地震。

2.1.3 地震震级与烈度

1. 地震震级

震级是衡量地震能量大小的等级标度，常用的震级标准有里氏震级。

里氏震级是里克特（C. F. Richter）于 1935 年提出的，也称为地方震级（Local Magnitude）。它的定义是：在离震中 100km 处用伍德—安德生（Wood - Anderson）式标准地震仪（摆的自振周期为 0.8s，阻尼系数为 0.8，放大倍数为 2800 倍）所记录到的最大水平位移（即振幅 A，以微米计）的常用对数值。其表达式为

$$M_L = \log A \tag{2-1}$$

震级的大小直接与震源释放的能量有关。震级 M 与地震释放能量 E（单位为“尔格”）之间有如下关系：

$$\log E = 11.8 + 1.5M \tag{2-2}$$

依此计算，震级每差一级，地震释放的能量就相差 32 倍之多。据测算，一个百万吨级的 TNT 炸弹爆炸产生的能量大约为 5×10^{20} 格，而一次 7 级地震释放的能量与 4000 万 t 级的 TNT 炸弹爆炸释放的能量相当。

2. 地震烈度

地震烈度是用来衡量地震破坏作用大小的一个指标，它表示某一地区的地面和各类建筑物遭受某一次地震影响的强弱程度。对于一次地震来说，震级只有一个，烈度则随着地点的变化，而有若干个。一般说来，距震中越远，地震影响越小，烈度越低；反之，距震中越近，地震影响越大，烈度越高。震中的烈度最高。但是，在某一烈度区里，有时会因局部场地的地形、地质条件等的影响，出现局部烈度较高或较低的“烈度异常区”。

地震烈度值是根据人的感觉、器物的反应以及地面、建筑物的破坏程度等宏观现象，以地震烈度表为标准综合评定的。目前除日本采用从 0～7 的 8 个等级划分外，我国和世界绝大多数国家采用 1～12 等级划分的地震烈度表。表 2 - 1 是 1999 年修订中华人民共和国国家标准——中国地震烈度表（GB/T 17742—2008）。地震烈度的评定具有粗略、综合、主观判断的特点，缺乏具体的物理量作为依据。不过，它不仅是区分地震区遭受地震影响的标度，而且对于处理历史地震资料、研究地震活动等方面有重要作用。

表 2 - 1　中华人民共和国国家标准——中国地震烈度表（GB/T 17742—2008）

地震烈度	人的感觉	房屋震害			其他震害现象	水平向地震动参数	
		类型	震害程度	平均震害指数		峰值加速度（m/s^2）	峰值速度（m/s）
Ⅰ	无感	—	—	—	—	—	—
Ⅱ	室内个别静止中的人有感觉	—	—	—	—	—	—
Ⅲ	室内少数静止中的人有感觉	—	门、窗轻微作响	—	悬挂物微动	—	—
Ⅳ	室内多数人、室外少数人有感觉，少数人梦中惊醒	—	门、窗作响	—	悬挂物明显摆动，器皿作响	—	—
Ⅴ	室内绝大多数、室外多数人有感觉，多数人梦中惊醒		门窗、屋顶、屋架颤动作响，灰土掉落，个别房屋墙体抹灰出现微裂缝，个别屋顶烟囱掉砖	—	悬挂物大幅度晃动，不稳定器物摇动或翻倒	0.31（0.22～0.44）	0.03（0.02～0.04）

续表

地震烈度	人的感觉	房屋震害			其他震害现象	水平向地震动参数	
		类型	震害程度	平均震害指数		峰值加速度(m/s²)	峰值速度(m/s)
Ⅵ	多数人站立不稳，少数人惊逃户外	A	少数中等破坏，多数轻微破坏和/或基本完好	0.00～0.11	家具和物品移动；河岸和松软土出现裂缝，饱和砂层出现喷砂冒水，个别独立砖烟囱轻度裂缝	0.63(0.45～0.89)	0.06(0.05～0.09)
		B	个别中等破坏，少数轻微破坏，多数基本完好				
		C	个别轻微破坏，大多数基本完好	0.00～0.08			
Ⅶ	大多数人惊逃户外，骑自行车的人有感觉，行驶中的汽车驾乘人员有感觉	A	少数毁坏/或严重破坏，多数中等和/或轻微破坏	0.09～0.31	物体从架子上掉落；河岸出现塌方，饱和砂层常见喷水冒砂，松软土地上地裂缝较多，大多数独立砖烟囱中等破坏	1.25(0.90～1.77)	0.13(0.10～0.18)
		B	少数中等破坏，多数轻微破坏和/或基本完好				
		C	少数中等/或轻微破坏，多数基本完好	0.07～0.22			
Ⅷ	多数人摇晃颠簸，行走困难	A	少数毁坏，多数严重和/或中等破坏	0.29～0.51	干硬土上出现裂缝，饱和砂层绝大多数喷砂冒水；大多数砖烟囱严重破坏	0.250(1.78～3.53)	0.25(0.19～0.35)
		B	个别毁坏，少数严重破坏，多数中等和/或轻微破坏				
		C	少数严重和/或中等破坏，多数轻微破坏	0.20～0.40			
Ⅸ	行动的人摔倒	A	多数严重破坏或/和毁坏	0.49～0.71	干硬土上多处出现裂缝，可见基岩裂缝、错动、滑坡、坍方常见，独立砖烟囱多数倒塌	5.00(3.54～7.07)	0.50(0.36～0.71)
		B	少数毁坏，多数严重或/和中等破坏				
		C	少数毁坏和/或严重破坏，多数中等或/和轻微破坏	0.38～0.60			
Ⅹ	骑自行车的人会摔倒，处不稳状态的人会摔离原地，有抛起感	A	绝大多数毁坏	0.69～0.91	山崩和地震断裂出现，基岩上拱桥破坏，大多数独立砖烟囱从根部破坏或倒毁	10.00(7.08～14.14)	1.00(0.72～1.41)
		B	大多数毁坏				
		C	多数毁坏和/或严重破坏	0.58～0.80			
Ⅺ	—	A	绝大多数毁灭	0.89～1.00	地震断裂延续很长，大量山崩滑坡	—	—
		B					
		C		0.78～1.00			
Ⅻ	—	A	几乎全部毁坏	1.00	地面剧烈变化，山河改观	—	—
		B					
		C					

2008 年 5 月 12 日 14 点 28 分 2 秒，汶川特大地震爆发了。在随后的 100s 内，西起康定，东至略阳，形成了一条长约 500km 的破裂带，释放出约 6.3×10^{16}J 的能量。这相当于在破裂带上，将 1000 多颗投掷在广岛的原子弹，在 100s 内陆续引爆。“5·12”汶川 8.0 级地震的类型是“主震余震型”，其总体特征是衰减趋势，但其持续时间较长，而且还会有一些起伏。

汶川 8.0 级地震发生后，中国地震局组织专家赴四川、甘肃、陕西、重庆、云南、宁夏等省（自治区、直辖市）开展了现场调查，调查面积达 50 万 km^2，调查点 4150 个，在实地调查基础上，编绘了汶川 8.0 级地震烈度分布图。

3. 震级与震中烈度的关系

地震震级与地震烈度是完全不同的两个概念，这两者的关系可用炸弹爆炸来比喻。震级好比炸弹的装药量，烈度则是炸弹爆炸时所造成的破坏程度。尽管如此，从数学上震中烈度却可以表示为震级和震源深度的函数。在环境条件基本相同的情况下，震级越大，震源深度越浅，则震中烈度越高。对于发生频度最高的浅源地震来说，根据我国的地震资料，可以由下面经验公式估定震中烈度 I_0 与震级 M 之间的关系：

$$M=1.5+0.58I_0 \tag{2-3}$$

汶川震中烈度是Ⅺ度，则震级是 $M=1.5+0.58\times11=7.88$。

2.1.4 地震波

1. 波动方程

在各向同性、均匀、无阻尼弹性体内，质点运动必须满足介质的应力—应变关系、连续条件和牛顿运动第二定律，从小变形弹性力学理论可以导出运动的基本方程为：

$$\left.\begin{aligned}\rho\frac{\partial^2 u}{\partial t^2}&=(\lambda+\mu)\frac{\partial\theta}{\partial x}+\mu\,\nabla^2 u\\ \rho\frac{\partial^2 v}{\partial t^2}&=(\lambda+\mu)\frac{\partial\theta}{\partial y}+\mu\,\nabla^2 v\\ \rho\frac{\partial^2 w}{\partial t^2}&=(\lambda+\mu)\frac{\partial\theta}{\partial z}+\mu\,\nabla^2 w\end{aligned}\right\} \tag{2-4}$$

式中：u、v、w 分别为沿直角坐标 x，y，z 三个方向的质点位移；$\theta=\frac{\partial u}{\partial x}+\frac{\partial v}{\partial y}+\frac{\partial w}{\partial z}$ 为质点的体应变；$\nabla^2=\frac{\partial^2}{\partial x^2}+\frac{\partial^2}{\partial y^2}+\frac{\partial^2}{\partial z^2}$ 为拉普拉斯算子；t 是时间；ρ，λ，μ 是介质常数，其中 ρ 为密度，$\lambda=\frac{\nu E}{(1+\nu)(1-\nu)}$，$\mu=\frac{E}{2(1+\nu)}=G$ 是拉梅常数，E 与 G 分别为杨氏模量与剪切模量；ν 为泊松比。

为了求解实数方程，可取两个势函数，一个标量势 φ，另一个矢量势 $\psi(\psi_x,\psi_y,\psi_z)$，位移 u、v、w 与这两个势的关系为：

$$\left.\begin{aligned}u&=\frac{\partial\varphi}{\partial x}+\frac{\partial\psi_z}{\partial y}+\frac{\partial\psi_y}{\partial z}\\ v&=\frac{\partial\varphi}{\partial y}+\frac{\partial\psi_x}{\partial z}+\frac{\partial\psi_z}{\partial x}\\ w&=\frac{\partial\varphi}{\partial z}+\frac{\partial\psi_y}{\partial x}+\frac{\partial\psi_x}{\partial y}\end{aligned}\right\} \tag{2-5}$$

这时，从方程式（2-4）可以得到：

$$\nabla^2\varphi=\frac{1}{\alpha^2}\frac{\partial^2\varphi}{\partial t^2} \tag{2-6}$$

$$\nabla^2\psi_i=\frac{1}{\beta^2}\frac{\partial^2\psi_i}{\partial t^2}(i=x,y,z) \tag{2-7}$$

其中
$$\alpha=\sqrt{\frac{\lambda+2\mu}{\rho}},\ \beta=\sqrt{\frac{\mu}{\rho}}$$

从方程式（2-6）和式（2-7）可以求得势函数 φ 和 ψ。

由于方程式（2-6）和式（2-7）是独立的线性方程，所以势函数 φ 和 ψ 的任何线性变换也满足这两个方程。从方程式（2-5）可知体应变为：

$$\theta=\frac{\partial u}{\partial x}+\frac{\partial v}{\partial y}+\frac{\partial w}{\partial z} \tag{2-8}$$

而畸变为：

$$\omega_x=\frac{1}{2}\left(\frac{\partial w}{\partial y}-\frac{\partial v}{\partial z}\right)$$

$$\omega_y=\frac{1}{2}\left(\frac{\partial u}{\partial z}-\frac{\partial w}{\partial x}\right)$$

$$\omega_z=\frac{1}{2}\left(\frac{\partial v}{\partial x}-\frac{\partial u}{\partial y}\right)$$

由此可见，θ 只与标量 φ 有关；ω_x，ω_y，ω_z 只与矢量势有关，因此 θ 和 ω_i 也满足方程式（2-6），即下述波动方程：

$$\nabla^2\theta=\frac{1}{\alpha^2}\frac{\partial^2\theta}{\partial t^2} \tag{2-9}$$

$$\nabla^2\omega_i=\frac{1}{\beta^2}\frac{\partial^2\omega_i}{\partial t^2}(i=x,y,z) \tag{2-10}$$

2. 地震波

断层在瞬间破裂错动（地震）时，引起剧烈的振动，这种振动以弹性波的形式从震源向各个方向传播并释放能量。传播地震能量的弹性波就称为地震波。地震波分为在地球内部传播的“体波”和在地面附近传播的“面波”。一般认为，面波是体波经地层界面多次反射、折射所形成的次生波。体波具有两种形式的波，即纵波（P 波）和横波（S 波），见图 2-2。

纵波在传播过程中，其介质质点的振动方向与波的前进方向一致，质点间的弹性相对位移疏密相间，所以也称为压缩波或疏密波。如在空气中传播的声波就是一种纵波。由于任何一种介质（固态、液态、气态）都可以承受不同程度的压缩与拉伸变形，所以纵波可以在所有介质中传播。这是纵波的一个重要特性。纵波的周期较短，振幅较小。

横波传递时，其介质质点的振动方向与波的前进方向垂直。横波只能在固体介质中传播。这是因为横波的传播过程是介质质点不断受剪切变形的过程，液态和气态介质不能承受剪切作用，因此不能传播横波。由于横波的这个特征，所以又称为剪切波。横波的周期较长，振幅较大。假若横波在水平面内，这种 S 波就称为 SH 波；假若横波在竖直平面内，这种 S 波就称为 SV 波。

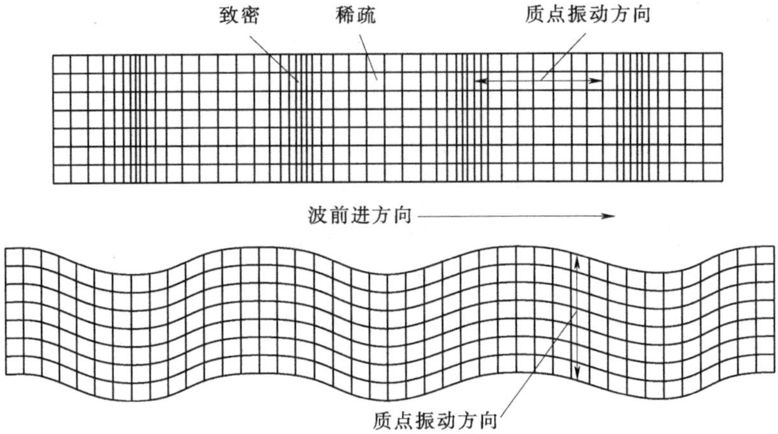

图 2-2　两种体波运动特征示意图

体波波速公式：

$$V_P=\sqrt{\frac{E(1-\nu)}{\rho(1+\nu)(1-2\nu)}} \tag{2-11}$$

$$V_S=\sqrt{\frac{E}{2\rho(1+\nu)}}=\sqrt{\frac{G}{\rho}} \tag{2-12}$$

式中：E 为弹性模量；G 为剪切模量；ν 为泊松比；ρ 为密度。

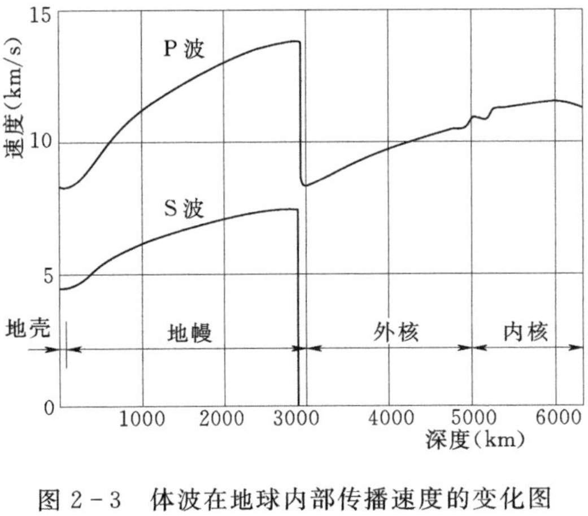

图 2-3　体波在地球内部传播速度的变化图

纵波的传播速度比横波的传播速度要快，所以当某地发生地震时，在地震仪上首先记录到的地震波是纵波，随后才记录到横波。为此，通常也称纵波为“初波”或“P 波”，称横波为“次波”或“S 波”。当 $\nu=0.22$ 时，$V_P=1.67V_S$。

体波在地球内部的传播速度随深度增加而增大，见图 2-3。

面波只限于沿着地球表面传播，一般可以说是体波经地层界面多次反射形成的次生波。面波也包括两种形式的波，即瑞利波（Rayleigth 波）和乐甫波（Love 波），见图 2-4。瑞利波传播时，质点在与地面垂直的平面内沿波的前进方向做椭圆反时针方向运动。瑞利波的特点是振幅大，在地表以竖向运动为主。乐甫波传播时，类似蛇行运动，质点在地平面内做与波前进方向相垂直的运动。

瑞利波的传播速度 V_R 比 S 波稍慢一点，它们的比值：

$$K_1=\frac{V_R}{V_S} \tag{2-13}$$

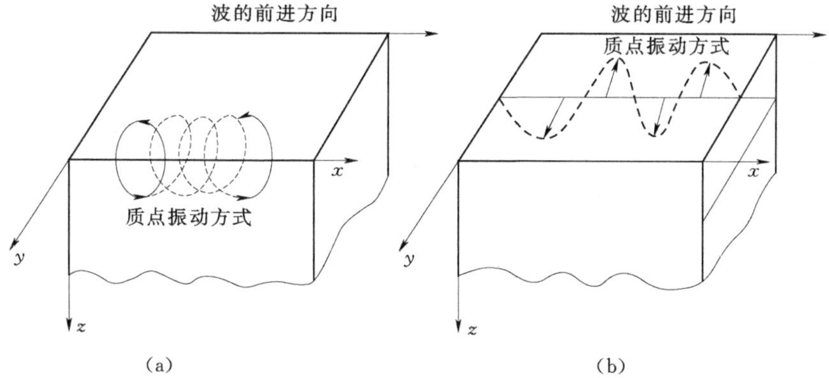

图 2-4 两种面波运动特征示意图

(a) 瑞雷波质点振动；(b) 乐甫波质点振动

K_1 与介质的泊松比有关，可按下式确定：

$$\frac{1}{8}K_1^6 - K_1^4 + \frac{2-\nu}{1-\nu}K_1^2 - \frac{1}{1-\nu} = 0 \qquad (2-14)$$

当 $\nu=0.22$ 的情况下，$K_1=0.914$，$V_R=0.914V_S$。

乐甫波在层状介质中的传播速度介于最上层横波速度及最下层横波速度之间。

一般地说，与体波相比，面波的周期长，振幅大，速度慢，衰减慢，能传到较远的地方。在距离震中近的地方，面波成分较少，随着震中距离的增加，面波的成分也增加。

P 波使结构产生上下颠簸，S 波使结构产生水平摇动，而面波则使结构既产生上下颠动又产生水平摇动，一般是在 S 波和面波都到达时振动最为剧烈。由 S 波和面波产生的水平振动是招致结构地震破坏的重要因素；在震中区，由 P 波产生的竖向振动所造成的破坏有时也不容忽视。

3. 地震波的反射和折射

首先考虑一个最简单的情况，如图 2-5 所示，xoy 为自由表面（y 轴与纸面垂直），z 轴向地表下位正。在图 2-5 (a) 中，设有 P 波沿 AO 线入射。先设有纵波与横波分别沿 OB 与 OC 从自由面向下反射，然后按力学规律确定它们存在的条件及幅值大小。SV 波的波前振动方向在图中用小箭头表示。

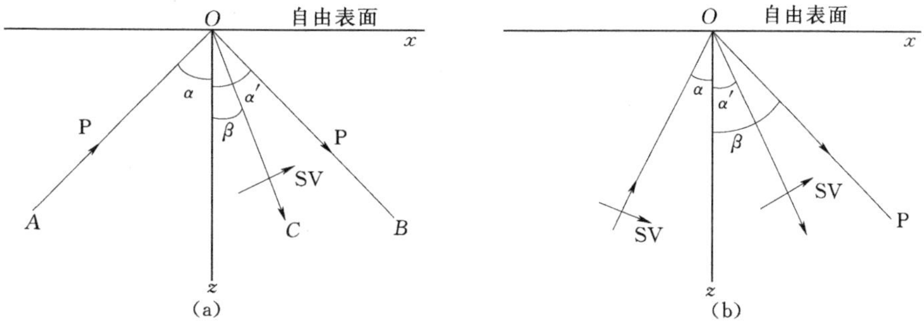

图 2-5 波的反射

(a) P 波在自由面的反射；(b) SV 波在自由面的反射

在本节推导中，认为 y 方向的位移为零，因此为一平面应变问题。设这三个波的振动位移分别为：

入射 P 波 $S(x,z,t)=Ae^{i(k_x x-k_z z-\omega t)}$

反射 P 波 $S'(x,z,t)=A'e^{i(k'_x x+k'_z z-\omega' t)}$

反射 SV 波 $S''(x,z,t)=Be^{i(k''_x x+k''_z z-\omega'' t)}$

其中

$$k_x=\frac{\omega}{v_p}\sin\alpha,k'_x=\frac{\omega'}{v_p}\sin\alpha',k''_x=\frac{\omega''}{v_s}\sin\beta$$

$$k_z=\frac{\omega}{v_p}\cos\alpha,k'_z=\frac{\omega'}{v_p}\cos\alpha',k''_z=\frac{\omega''}{v_s}\cos\beta$$

这三个波函数均满足波动方程。在自由表面上，边界条件为：$\omega=\omega'=\omega''$，$k_x=k'_x=k''$。

由此可得：$\alpha=\alpha'$，$\frac{\sin\alpha}{v_p}=\frac{\sin\beta}{v_s}$（斯内尔定律）。

波振幅的反射系数：

$$\left.\begin{aligned}&\frac{A'}{A}=\frac{v_s^2\sin2\alpha\sin2\beta-v_p^2\cos^2 2\beta}{D}\\&\frac{B}{A}=\frac{2v_pv_s\sin2\alpha\cos2\beta}{D}\\&D=v_s^2\sin2\alpha\sin2\beta+v_p^2\cos^2 2\beta\end{aligned}\right\}\tag{2-15}$$

由这两个关系可见，在一般情况下，当 P 波以 α 角向一自由表面入射时，可以产生两个反射波，一个是 P 波，在入射的对称方向反射；一个是 SV 波，反射角为 β，且 $\beta<\alpha$。当入射角 $\alpha=0$ 即垂直入射时，由式（2-15）可知，$B/A=0$，$A'/A=-1$，故只有 P 波反射，且相位差为 $\pm\pi$。当 $\alpha=\pi/2$ 时，$A'=B=0$，不存在反射问题。

同样，假设入射波是 SV 波，入射角为 α，振幅为 B，如图 2-5（b）所示，则有下述关系：

入射 SV 波 $S(x,z,t)=Be^{i(k_x x+k_z z-\omega t)}$

反射 SV 波 $S'(x,z,t)=B'e^{i(k'_x x+k'_z z-\omega' t)}$

反射 P 波 $S''(x,z,t)=Ae^{i(k''_x x+k''_z z-\omega'' t)}$

其中

$$k_x=k'_x=\frac{\omega}{v_s}\sin\alpha,k''_x=\frac{\omega}{v_p}\sin\beta,\frac{\sin\alpha}{\sin\beta}=\frac{v_s}{v_p}$$

$$k_z=-\frac{\omega}{v_s}\cos\alpha=-k'_z,k''_z=\frac{\omega}{v_p}\cos\beta$$

$$\frac{B'}{B}=\frac{-v_s^2\sin2\alpha\sin2\beta+v_p^2\cos^2 2\alpha}{D}$$

$$\frac{A}{B}=\frac{v_pv_s\sin4\alpha}{D}$$

和入射 P 波时相比，这里有个差别，因为$\frac{v_p}{v_s}=\frac{\sin\beta}{\sin\alpha}>1$，故反射 P 波角 β 大于入射角 α。因此，当 $\sin\alpha>v_s/v_p$ 时，$\sin\beta=(v_p/v_s)\sin\alpha>1$，不存在 β，这表示在介质内部不存在反射的 P 波，所以 SV 波入射不一定总存在反射 P 波。

另一类横波是 SH 波。SH 波自由表面入射的情况最为简单，按照前面的方法，可以得到反射波只有 SH 波一种，而且在入射波的对称位置反射，完全等于入射波。

最后，研究图 2-6 所示的比较一般的情况，即一 P 波从上半无限空间①向下半无限空间②的界面入射。界面两边介质不同，在作为平面应变问题讨论时，可以写出五个可能波的弹性位移：

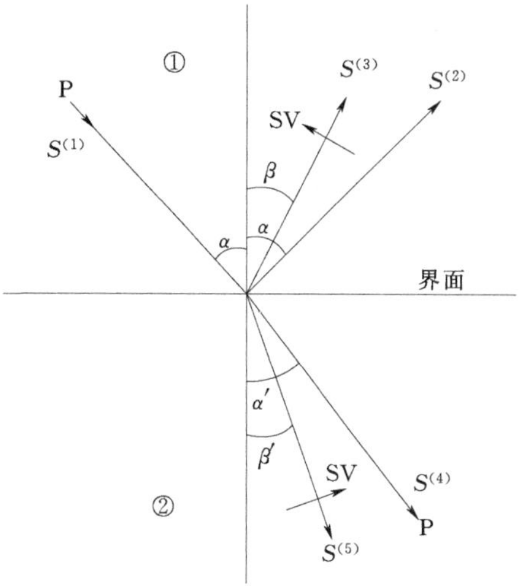

图 2-6 波的反射与折射

入射 P 波 $S^{(1)}=S_0^{(1)}e^{i(k_x^{(1)}x+k_z^{(1)}z-\omega^{(1)}t)}$

反射 P 波 $S^{(2)}=S_0^{(2)}e^{i(k_x^{(2)}x-k_z^{(2)}z-\omega^{(2)}t)}$

反射 SV 波 $S^{(3)}=S_0^{(3)}e^{i(k_x^{(3)}x-k_z^{(3)}z-\omega^{(3)}t)}$

折射 P 波 $S^{(4)}=S_0^{(4)}e^{i(k_x^{(4)}x-k_z^{(4)}z-\omega^{(4)}t)}$

折射 SV 波 $S^{(5)}=S_0^{(5)}e^{i(k_x^{(5)}x-k_z^{(5)}z-\omega^{(5)}t)}$

在分界面上的连续条件为：$u_1=u_2$，$w_1=w_2$，$\sigma_{z1}=\sigma_{z2}$，$\tau_{xz1}=\tau_{xz2}$。

按照与上面同样的步骤可以导出下述关系：

$$\left.\begin{aligned}&\omega^{(i)}=\omega,k_x^{(1)}=k_x(i=1,2,3,4,5)\\&\frac{\sin\alpha}{v_{p1}}=\frac{\sin\beta}{v_{s1}}=\frac{\sin\alpha'}{v_{p2}}=\frac{\sin\beta'}{v_{s2}}\end{aligned}\right\}\tag{2-16}$$

$$\left.\begin{aligned}&(S_0^{(1)}+S_0^{(2)})\sin\alpha-S_0^{(3)}\cos\beta-S_0^{(4)}\sin\alpha'-S_0^{(5)}\cos\beta'=0\\&(S_0^{(1)}-S_0^{(2)})\cos\alpha-S_0^{(3)}\sin\beta-S_0^{(4)}\cos\alpha'+S_0^{(5)}\sin\beta'=0\\&(S_0^{(1)}+S_0^{(2)})\frac{(v_{p1}^2-2v_{s1}^2\sin^2\alpha)}{v_{p1}}+S_0^{(3)}v_{s1}\sin2\beta-S_0^{(4)}\frac{\rho_2}{\rho_1}\frac{(v_{p2}^2-2v_{s2}^2\sin^2\alpha')}{v_{p2}}+S_0^{(5)}\frac{\rho_2}{\rho_1}v_{s1}\sin2\beta'=0\\&(S_0^{(1)}-S_0^{(2)})\frac{v_{s1}^2}{v_{p1}^2}\sin2\alpha+S_0^{(3)}v_{s1}\cos2\beta-S_0^{(4)}\frac{\rho_2}{\rho_1}\frac{v_{s2}^2}{v_{p2}^2}\sin2\alpha'-S_0^{(5)}\frac{\rho_2}{\rho_1}v_{s2}\cos2\beta'=0\end{aligned}\right\}\tag{2-17}$$

从式（2-17）可以求出四个反射波振幅值与入射波振幅值 $S_0^{(1)}$ 之比，而反射角和折射角均可由斯内尔定律确定。

由式（2-16）可知，$\beta<\alpha$，$\beta'<\alpha'$，因为 $v_s<v_p$。假如折射波速小于入射波速，即 $v_{p2}<v_{p1}$，$\alpha'<\alpha$。这一情况在地震工程中颇有意义，因为一般地壳中的岩石层是愈向下愈硬，所以当地震波由下向上传播时，经过一界面，α 角就减小一些，当到达地表时，就接近垂直入射了。假若折射波速大于入射波速，即 $v_{p2}>v_{p1}$，$v_{s2}>v_{s1}$，则 $\alpha'>\alpha$。这时，若入射角过大，将使按式（2-16）计算的折射 P 波角 $\alpha'>\pi/2$，即无折射。

假若 $\alpha=0$ 即为垂直入射，这时可得：

$$\frac{S_0^{(2)}}{S_0^{(1)}}=\frac{\rho_2 v_{p2}-\rho_1 v_{p1}}{\rho_1 v_{p1}+\rho_2 v_{p2}}\text{（反射 P 波系数）}$$

$$\frac{S_0^{(4)}}{S_0^{(1)}}=\frac{2\rho_2 v_{p2}}{\rho_1 v_{p1}+\rho_2 v_{p2}}\text{（折射 P 波系数）}$$

$$S_0^{(3)}=S_0^{(5)}=0$$

由此可见，当 P 波垂直入射时，①不产生横波；②只有当界面两侧介质的阻抗 ρv 相同时，才无反射，此时能量将全部折射；③折射层阻抗愈大，则折射系数愈小，反射系数愈大，当 $\rho_2 v_{p2}\rightarrow\infty$ 时，全部能量反射而无折射；④当 $\rho_2 v_{p2}>\rho_1 v_{p1}$ 时，反射波与入射波同相位，反之，则相位相差 $\pm\pi$；而折射波总是与入射波同相位。

当入射波是 SV 波时，反射、折射波也可以有上述四个；但是当入射波为 SH 波时，却只能产生 SH 型的反射波与折射波。当 SH 波垂直入射时，情况和 P 波垂直入射时一样，只要将 v_p 转为 v_s 即可。

4. 地震波的传播

由于地球是层状构造，因此体波通过分层介质时，在界面将发生折射；若波的射线是由震源出发时与垂直方向的夹角是 θ_1，波速是 V_1，折射后的夹角是 θ_2，波速是 V_2，则：

$$\frac{V_1}{\sin\theta_1}=\frac{V_2}{\sin\theta_2} \tag{2-18}$$

由于波速一般随深度增加而增大，$V_2>V_1$，因此射线要逐渐向水平方向弯曲，极限状态是 $\theta_2=90°$，$V_2=\frac{V_1}{\sin\theta_1}$，射线弯到水平方向，然后射线还可以继续向上弯，直到地面。一般接近地表，由于土层变软地震波传播速度变慢，由式子 $\frac{V_1}{\sin\theta_1}=\frac{V_2}{\sin\theta_2}$，可知在地表附近地震波的进程近于垂直方向射出。地震波射线的途径见图 2-7。

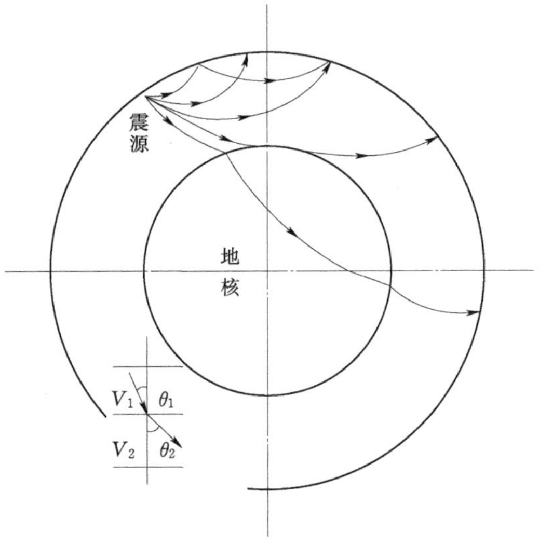

图 2-7　地震波射线的途径

当地震波遇到一个界面时，地震波不但产生折射，而且还发生反射，当一个 P 波入射到一个界面时，不但产生折射和反射的 P 波而且还产生折射和反射的 S 波，同样当 S 波入射到一个界面时也是如此。由震源发出的振动首先通过岩层传到基岩表面，然后基岩表面的振动再经基岩以上的地层传到地表面，在此过程中由于反复反射，地表面的振动常常得到放大。

5. 地震波的衰减

当地震波在介质中传播时，部分能量转变为热能而损失，这使介质具有阻尼作用。当阻尼不大时，这一影响可以用复阻尼理论考虑，即在波动方程及其解中，凡

涉及模量 E 和 G 或拉梅常数 λ 和 μ 的常数，均看做是复常数。现以平面波为例说明如下。

设有一平面纵波沿 x 轴传播，则其波动方程与解在无阻尼时为：

$$\nabla^2\varphi=\frac{1}{\alpha^2}\frac{\partial^2\varphi}{\partial t^2}$$

$$u(x,z,t)=\frac{\partial\varphi}{\partial x}=f(z)\mathrm{e}^{i(kx-\omega t)}$$

式中：k 为常数。

当用 $k(1+i\delta)$ 代替 k 时，则得有阻尼的解

$$u(x,z,t)=f(z)\mathrm{e}^{-k\delta x}\mathrm{e}^{i(kx-\omega t)} \tag{2-19}$$

式中：δ 为与阻尼有关的常数。

在地震波理论中，习惯用品质因数 Q 来表示阻尼的影响，其定义为

$$\frac{1}{Q}=\frac{1}{2\pi}\frac{\Delta E}{E} \tag{2-20}$$

式中：ΔE 为波通过 $x=x_0$ 到 $x=x_0+\lambda$ 之间的能量差，即为这中间的能量损耗；E 为一个周期 T 内通过 $x=x_0$ 的能量；$\lambda=2\pi/k$ 为波长。

由此定义得：

$$\frac{1}{Q}=\frac{1}{2\pi}\frac{\left[\int_0^T|u(x_0)|^2\mathrm{d}t-\int_0^T|u(x_0+\lambda)|^2dt\right]}{\int_0^T|u(x_0)|^2\mathrm{d}t}=\frac{1}{2\pi}(1-\mathrm{e}^{-2k\delta\lambda})$$

$$\frac{1}{Q}=\frac{1}{2\pi}(1-\mathrm{e}^{-4\pi\delta}) \tag{2-21}$$

当 $k\delta\lambda=2\pi\delta$ 足够小时，则有 $\frac{1}{Q}=2\delta$；地壳内 Q 的数值均在几百到几千之内，Q 愈大，则能量损失愈少，阻尼愈小。

6. *地震动*

地震动，也称地震地面运动，是指由震源释放出来的地震波引起的地表附近土层的振动。地震动是引起桥梁震害的外因，其对结构的作用效应与静力荷载相当，但两者存在以下几个本质的差别：

（1）静力荷载以力的形式出现，而地震动是以运动方式出现。

（2）静力荷载与时间无关，而地震动是迅速变化的随机振动，地震动的这一特点，导致了抗震设计对地震作用峰值的关注。

（3）静力荷载大小一般与结构的力学特性和变形结果无关，而地震动对结构的作用效应与结构的动力特性和变形反应有关。

除了这些本质区别之外，与静力荷载相比，地震动具有更大的不确定性，这使得抗震设计不能完全依靠强度安全储备。

地震动可以通过仪器记录下来。对结构抗震而言，关心的是强震动地面运动记录。这

是因为只有强震动才能危及结构安全，才是结构抗震研究的对象。记录强震动的仪器为强震加速度仪，简称强震仪，它能够记录测点处三个互相垂直的地震动加速度分量（两个水平向分量加上一个竖向分量）。图 2－8 所示为著名的埃尔森特罗三分量（东西、南北、上下）地震波加速度记录。由图 2－8 可见，地震动的显著特点是其时程函数（即加速度、速度、位移的时间函数）的不规则性。

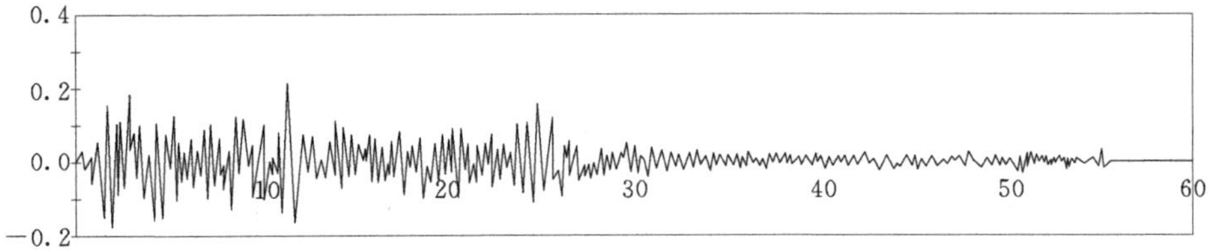

(a)

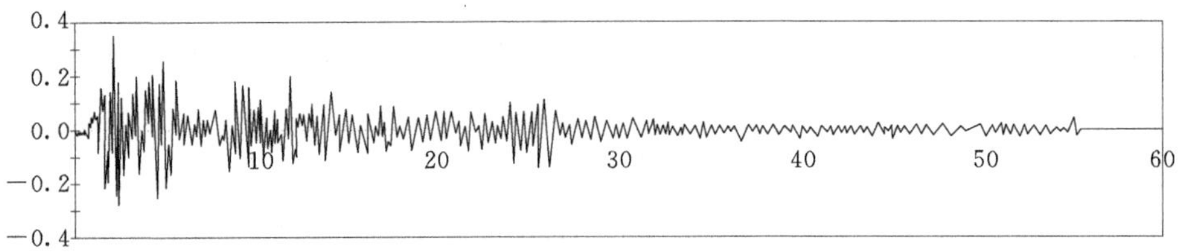

(b)

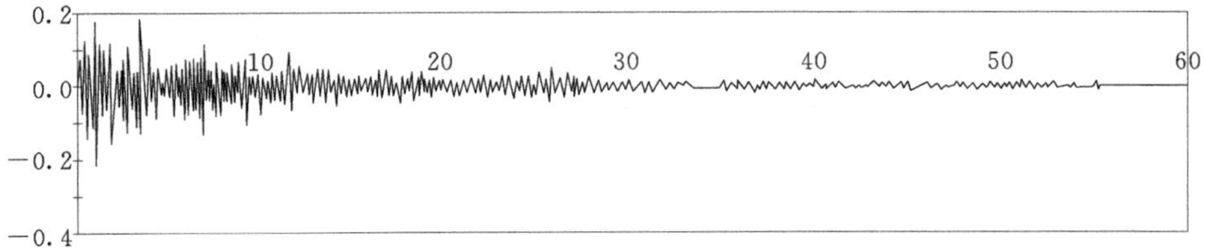

(c)

图 2－8　ELCENTRO 地震波记录（1940 年美国帝国峡谷地震）
(a) 东西向分量；(b) 南北向分量；(c) 竖向分量

在地震工程中，研究的对象主要有三个，即地震动、结构和结构反应。若把这三者看作一个系统，则地震动是系统的输入部分，结构是系统的体系部分，结构反应则是系统的输出部分。因此，强震动记录是地震工程的重要资料。

在地震动的特性中，对工程抗震有重要意义的量是地震动的幅值（最大振幅或叫峰值）、频谱（波形）和持续时间（简称持时），常被称为三要素，此外，最近常被强调的另外一个地震动特性是速度脉冲。影响地震动特性的因素包括震源、传播介质与途径和局部场地条件这三类。

2.1.5　地震分布

1. 世界地震分布

对历史地震进行研究，可以看出地震发生的地理位置是有一定规律的。世界的地震活动集中分布在两个主要地带和其他几个次要地带。这两个主要地震带是：环太平洋地震带和欧亚地震带。环太平洋地震带从南美洲西部海岸起，经北美洲西部海岸、阿拉斯加、千岛群岛到日本列岛，其后分东西两支，西支经我国台湾省、菲律宾至印尼，东支经马里亚纳群岛至新几内亚，两支汇合后，经所罗门至汤加，然后突转向南至新西兰。该地震带总长近 4 万 km，震中带平均宽约 200km，震源最深达 700 余 km。美国北岭地震记录见图 2-9。

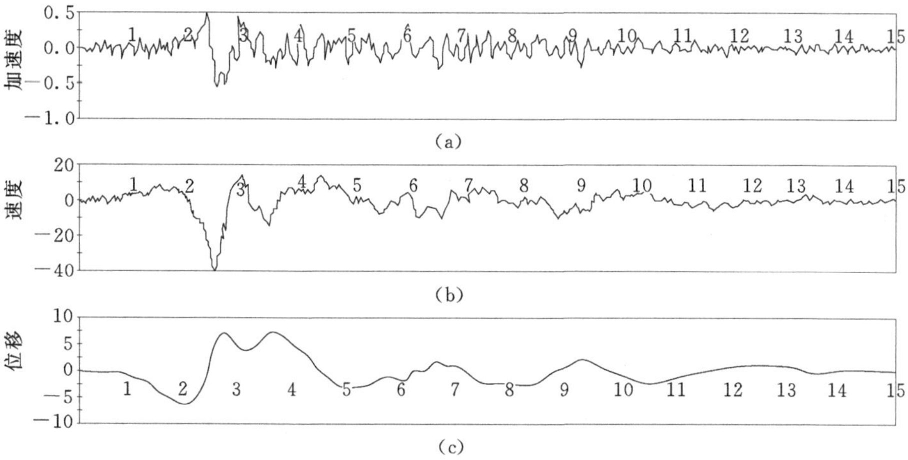

图 2-9　美国北岭地震 Rinaldi 地震台站记录（南北向分量）

(a) 加速度时间函数；(b) 速度时间函数；(c) 位移时间函数

环太平洋地震带基本上是大洋岩石圈与大陆岩石圈汇聚的板块边缘地带，全球约有 80%的浅源地震和 90%的深源地震以及绝大部分中源地震都集中发生在这一带。环太平洋地震带从南美洲西部海岸起，经北美洲西部海岸、阿拉斯加、千岛群岛到日本列岛，其后分东西两支，西支经我国台湾省、菲律宾至印尼，东支经马里亚纳群岛至新几内亚，两支汇合后，经所罗门至汤加，然后突转向南至新西兰。该地震带总长近 4 万 km，震中带平均宽约 200km，震源最深达 700 余 km。环太平洋地震带基本上是大洋岩石圈与大陆岩石圈汇聚的板块边缘地带，全球约有 80%的浅源地震和 90%的深源地震以及绝大部分中源地震都集中发生在这一带。

欧亚地震带西起伊比利亚半岛，经意大利—巴尔干半岛—土耳其—中央亚细亚—伊朗—喜马拉雅山脉—缅甸—苏门答腊—爪哇，与太平洋地震带相衔接。带内地震震源浅，震中分布零散，震中带散布宽度约 2000～3000km，几乎 10 倍于环太平洋地震带的展布宽度。地震成因一方面与板块构造运动相联系，另一方面，又在很大程度上与板内断块（小板块）构造密切相关。

2. 中国地震分布

根据板块构造学说，我国位于欧亚板块的东南端，东接太平洋板块，南邻印度板块。亚洲大陆以东的太平洋板块，每年以 4～10cm 的速度向西移动，在日本海沟一带向下俯冲。在亚洲大陆的西南部，印度板块每年以 5～6cm 的速度向北移动，在喜马拉雅山南侧沿板块边界大断裂向下俯冲。同时，欧亚板块本身又在欧洲受到向东的推力。因此，我国大陆受到太平洋板块向西、印度板块向北、欧亚板块向东的推动和挤压。当这种挤压应力在大陆岩石圈中持续积累，以至超过岩石圈所能承受的限度时，大陆地壳就会破裂而产生地震。从地震地质背景看，我国大陆存在发生频繁地震的内因与外在条件，因此，我国的地震频繁而强烈。

对历史地震进行的大规模搜集整理及统计结果表明，我国境内的地震活动也成带分布。习惯上把我国境内的地震活动大致划分为六个区带：①台湾及其附近海域；②喜马拉雅山脉地震活动区；③南北地震带；④天山地震活动区；⑤华北地震活动区；⑥东南沿海地震活动区。

应当指出，地震区、带的划分只是对地震活动地域分布的概略描述，不同的研究者往往给出形状迥异的划分结果。因此，不应将地震区、带的划分绝对化。

2.2　构造地震的成因

为了解释构造地震的成因，首先需要了解地球的构造。

2.2.1　地球的构造

地球是一个外形略呈梨形的椭球体，如图 2－10 所示，平均半径约 6400km。地球的内部构造，与鸡蛋十分相似，由地表至核心可分为性质不同的三层，最外一层是相当薄的地壳，只占地球体积的 0.5%；其下是地幔，厚约 2900km，约占地球总体积的 83.3%；地壳与地幔的分界面称莫霍面，它是一个地震波传播速度急剧变化的不连续面；最里面的部分叫地核，半径约 3500km。

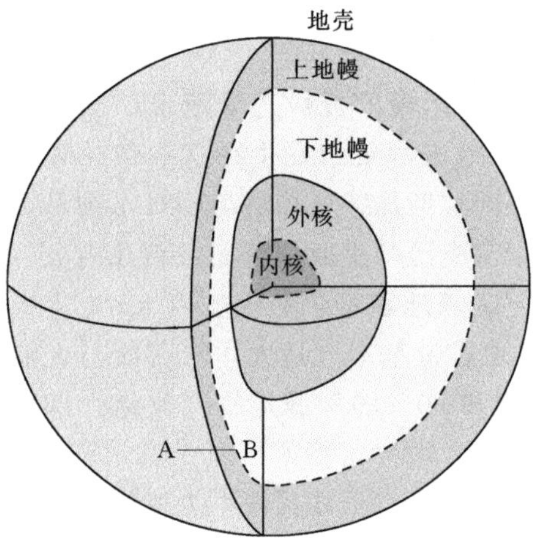

图 2－10　地球构造

地壳表层由很不均匀的岩石组成，它的厚度也不是均匀的，高山或高原处厚度可达 60～80km，如我国青藏高原；而在深海底只有 5～8km，如大西洋海底；海陆地壳的平均厚度约为 33km。世界上绝大多数的地震都发生在地壳这一层内。

一般认为，地幔由质地非常坚硬、比重较大的黑色橄榄岩组成。从莫霍面以下约 40～70km 内的地幔上部是刚性的岩石层，它与地壳共同组成所谓的岩石圈。

由于岩石圈的刚性和脆性，当岩层所受的拉力或压力大于岩石强度时，岩层发生断裂，造节理或断层。节理（Joint）是断裂面两侧并没有相对位置移动或仅有轻微位移的断裂面，几乎广泛地出现在所有岩层中。若断裂面两侧的岩块沿断裂面错动，发生显著的位置移动，便称为断层（Fault）。断层的规模变化很大，小的只有几米，大的可达数百公里。

观测研究发现，在岩石圈以下存在着一个厚约几百公里的地震波低速层，称为软流圈。岩石圈与软流圈合称上地幔，上地幔之下的地幔部分称下地幔，见图 2－11。

形成低速层的原因是该处岩石处于部分熔融状态，以致当地震波穿过此层时波速降低，其中剪切波的衰减特别明显。地核是地球的核心，体积占整个地球的16.2%，但总质量却占到整个地球的31.5%。根据地震波传播的分析，地核分为外地核、过渡层和内核三个层次。外核可能处于液态，过渡层处于由液态向固态过渡的状态，而内核可能是固态。据推测，地核主要由铁、镍等物质组成，内核的压力高达360万个大气压力，温度高达4000～50000℃。

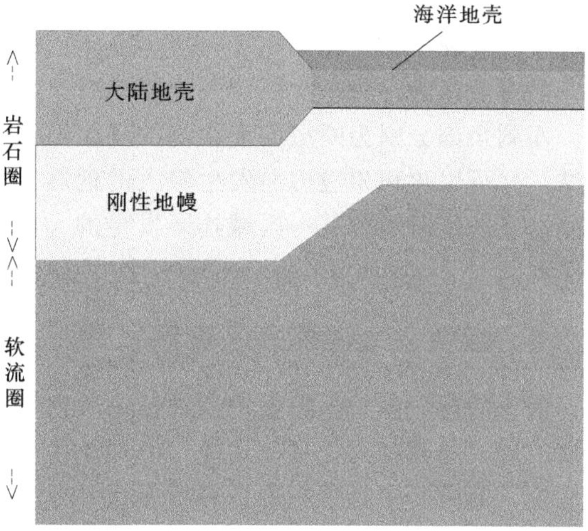

图2-11 地球外层构造

2.2.2 弹性回跳说——局部机制

弹性回跳说是里德在1910年提出的，见图2-12。这一假说，最初是根据1906年旧金山8.3级大地震前后横跨圣安德烈斯断层的一些测标位移实测数据而得出的结论。弹性回跳说认为：①地壳由弹性的、有断层的岩层组成；②地壳运动产生的能量以弹性应变能的形式在断层及其附近岩层中长期积累；③当弹性应变能积累及其岩层变形达到一定程度时，断层上某一点的两侧岩体会发生相对错动，并使沿断层的邻近点随之发生位移，以致断层两侧岩体向相反方向突然滑动，地震因之产生，此时，断层上长期积累的弹性应变能突然释放；④地震后，过去在应变能作用下发生变形的岩体又重新恢复没有变形的状态。

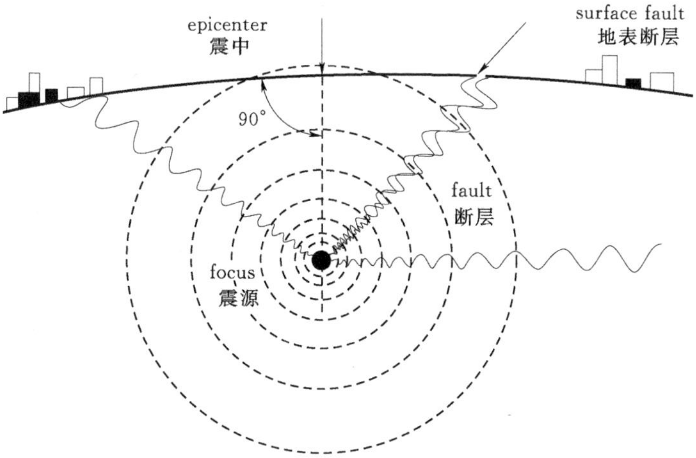

图2-12 弹性回跳说

2.2.3 黏滑说——弹性回跳说的修正理论

弹性回跳说无法解释地壳为何发生运动、弹性应变能怎样得以积聚等宏观原因，而板块构造学说恰巧在这一点上弥补了其不足。此外，弹性回跳说也无法解释伴随大地震发生的地震序列现象。为此，在 20 世纪 60 年代提出了黏滑说，对弹性回跳说进行了修正。

黏滑说认为，每一次断层发生错动时只释放了积累的总应变能中的一小部分，而非全部，而剩余部分则为断层面上很高的动摩擦力所平衡。地震后，断层两侧仍有摩擦力使之固结，并可以再积累应力而发生较大的地震。黏滑说的这些观点，合理地解释了地震序列现象（在一定时间内某一区域连续发生的大小地震，按时间顺序排列起来，即称为一个地震序列）。

2.2.4　板块构造学说——宏观机制

板块构造学说——宏观机制被称为“地学革命”的板块构造学说，建立在大陆漂移和海底扩展说的基础上。早在 1912 年，德国气象学家魏格纳（Wegener）就提出了大陆漂移假说，但由于受科学观测资料不足的限制，在当时没有为多数人所接受。1962 年，赫斯（Hess）依据深海钻探、海洋地质和海底地貌等方面的研究成果，提出了海底扩张假说。至 1968 年，通过多位学者先后发表的研究成果，板块构造学说大体上趋于完整。1969 年正式形成了板块构造这一名称。

大陆漂移假说：1912 年 1 月 6 日，魏格纳在法兰克福地质学会上做了题为“大陆与海洋的起源”的演讲，首次提出了大陆漂移的假说。1915 年，在严谨的科学研究的基础上，魏格纳的代表作《海陆的起源》问世了，在这本书里，魏格纳正式阐述了大陆漂移假说的观点。大陆漂移假说的基本观点认为：大约在 3 亿年前，全球只有一块“超级大陆”—称为“泛大陆”，后来这块“超级大陆”分裂为若干块大陆，经过漫长岁月的移动，终于形成了今天的大陆位置关系。

海底扩张说：之前的资料都来自于大陆地壳，而对于覆盖地表 70%的海洋地壳却一无所知。但是从 20 世纪 50 年代伊始，在第二次世界大战中开发的新技术被广泛用于海洋观测，比如采用声纳装置观测海底地形，利用海洋磁场仪探测海底磁场异常情况等。1962 年，美国普林斯顿大学的海斯（H. Hess）在他的论文《洋底盆地的历史》（History of Ocean Basins）中提出了“海底扩张说”。海底扩张说的主要观点为：①地壳下方有地幔，地幔的热能熔融上部地幔的物质形成“岩浆”，岩浆自大洋中脊流出形成新的海洋地壳，新的地壳向两侧推挤，海洋地壳因而向两侧扩张；②老的海洋地壳则在另一端没入地幔再度熔融成地幔的一部分。

板块构造学说：在大陆漂移和海底扩张说的基础上，20 世纪 60 年代提出了板块构造学说。板块构造学说的主要观点为：

（1）地球表面覆盖着不变形且坚固的板块，板块的物质组成是岩石圈，呈刚性包括地壳和上地幔顶部，厚约 70～100km。岩石圈下面是具塑性可流变物质构成的地幔软流圈，厚度约几百公里。全球岩石圈由于受到地幔的上升流和下降流及其牵引作用而分裂成若干似板块的巨大块体，称为板块。这些板块以每年 1cm 到 10cm 的速度在移动。板块运动形成的构造，称为板块构造。

（2）全球主要有六大板块，即欧亚板块、太平洋板块、美洲板块、非洲板块、印度板块和南极板块。其中除太平洋板块几乎全为海洋外，其余五个板块既包括大陆又包括海洋。此外，在板块中还可以分出若干次一级的小板块，如把美洲大板块分为南、北美洲两个板块，菲律宾、阿拉伯半岛、土耳其等也作为独立的小板块，则全球约有十四个板块。

（3）由于地球表面积是有限的，地球板块分为三种状态：其一为彼此接近的汇聚型板块边界（汇聚边界）；其二为彼此远离的分离型板块边界（扩张边界）；其三为彼此交错的转换型板块边界（转换断层边界）。板块本身是不会变形的，地球表面活动便都在这三种状态下集中发生。

根据板块构造学说，在地幔对流的传送下，全球板块发生缓慢的漂移现象。当两个板块相遇时，发生两板块之间的碰撞现象。碰撞既可能在两个海洋板块之间发生，也可能在海洋板块和大陆板块之间发生，或在两个大陆板块之间发生。当海洋板块和大陆板块发生碰撞时，较薄的洋壳板块前缘向下弯曲，同时因比重较大俯冲插入到大陆板块之下，并最终进入地幔软流圈中成为地幔物质。洋壳板块与大陆板块汇聚的区域，就叫做消减带。在消减带附近，因洋壳板块弯曲，形成有深海沟。如位于日本海海底的马里亚纳海沟，其深度达 11033m，为全世界最深的海沟。

在消减带附近的大陆一侧，分布有弧形的火山岛，称火山岛弧或岛弧。火山岛弧的成因，目前仍知之甚少。据推测，当洋壳板块俯冲到大陆板块下面距地表 150～200km 深度时，由于与大陆板块之间的摩擦生热和逐渐进入地幔，温度不断升高，致使前缘岩石层部分熔融成岩浆。新形成的岩浆与地幔物质相比，比重较轻，因此缓慢上升，并有少部分涌出地表，从而形成了火山岛。两个海洋板块之间的碰撞，与海洋板块和大陆板块之间的碰撞现象相似。在消减带附近，也分布有弧形的火山岛。当两个大陆板块之间发生碰撞时，两个板块会“焊接”到一起，形成缝合线或地缝合线。岛弧、海沟和缝合线，均为板块的汇聚边界。

板块扩张边界位于大洋中脊。因此处地貌为高耸的山岭，故又称为海岭。在大洋中脊，地幔软流圈的岩浆因对流运动从洋脊裂缝中涌出洋壳表面，冷却后就形成了岩墙，原有的海底被推向两侧。每一次岩浆上升都凝固成岩墙，岩墙也随之不断增高，更新的海底把前次形成的海底向两侧推挤，造成海底不断向两侧扩张的现象。据测定，在太平洋海底，海岭两侧的洋壳向外扩张的速率约为每年 6cm，在大西洋是每年 2cm 左右。转换断层是第三类板块边界。由于洋脊海底扩张速度或海沟俯冲速度在各个地段不同，产生了水平错开洋脊的断层，称为转换断层。由于沿这种断层两侧的板块相对运动状态可以转换，故得名为转换断层。

2.2.5 板块构造运动——宏观背景

自 20 世纪初里德（Reid）提出断层的弹性回跳说以来，一般认为，构造地震主要是由于断层的错动而造成的。但能够促使断层错动的力来自什么地方呢？在很长时间里，这一直是个谜。自板块构造学说提出后，人们已广泛接受这样的观点：断层错动是由全球性的大规模板块构造运动所造成的。可以说板块构造运动是构造地震发生的宏观背景，而断层错动则是构造地震发生的局部机制。

根据板块构造学说，全球板块由于地幔对流运动而相互地运动着。在两个板块交界地区，或发生板块的消减（在海沟—岛弧地带），或发生板块的碰撞（在缝合线地带），或发生板块的扩张（在洋脊地带），或因板块水平错动出现转换断层。因此，板块交界地区是构造运动最活跃的地区。历史资料表明，全球主要地震带就位于这些板块的交界地区。另一方面，板块内部在长期的板块构造运动作用下，板内地壳中也会逐渐积累很大的压应力，加之软流圈与板块之间的界面极不平坦，造成板块内部复杂的应力状态和不均匀变形，因此，表现在发生板内地震时，远不及板块边界地震的频度高和集中成带，而且震中分布零乱，机制多变。据统计，全球约85%的地震发生在板块边界地区，仅有15%左右发生于大陆内部或板块内部。

2.3 地震自救基本知识

2.3.1 地震救助知识

1. 地震自救知识

地震时如被埋压在废墟下，周围又是一片漆黑，只有极小的空间，你一定不要惊慌，要沉着，树立生存的信心，相信会有人来救你，要千方百计保护自己。

地震后，往往还有多次余震发生，处境可能继续恶化，为了免遭新的伤害，要尽量改善自己所处环境。此时，如果应急包在身旁，将会为你脱险起很大作用。

在这种极不利的环境下，首先要保护呼吸畅通，挪开头部、胸部的杂物，闻到煤气、毒气时，用湿衣服等物捂住口、鼻；避开身体上方不结实的倒塌物和其他容易引起掉落的物体；扩大和稳定生存空间，用砖块、木棍等支撑残垣断壁，以防余震发生后，环境进一步恶化。

设法脱离险境。如果找不到脱离险境的通道，尽量保存体力，用石块敲击能发出声响的物体，向外发出呼救信号，不要哭喊、急躁和盲目行动，这样会大量消耗精力和体力，尽可能控制自己的情绪或闭目休息，等待救援人员到来。如果受伤，要想法包扎，避免流血过多。

维持生命。如果被埋在废墟下的时间比较长，救援人员未到，或者没有听到呼救信号，就要想办法维持自己的生命，防震包的水和食品一定要节约，尽量寻找食品和饮用水，必要时自己的尿液也能起到解渴作用。

如果你在三脚架区，可以利用旁边的东西来护住自己，以免余震再次把自己伤害，再把手和前胸伸出来，把脸前的碎石子清理干净，让自己可以呼吸，等人来救你。

2. 地震震后互救

震后，外界救灾队伍不可能立即赶到救灾现场，在这种情况下，为使更多被埋压在废墟下的人员，获得宝贵的生命，灾区群众积极投入互救，是减轻人员伤亡最及时、最有效的办法，也体现了“救人于危难之中”，的崇高美德。

抢救时间及时，获救的希望就越大。据有关资料显示，震后20min获救的救活率达98%以上，震后1h获救的救活率下降到63%，震后2h还无法获救的人员中，窒息死亡人数占死亡人数的58%。他们不是在地震中因建筑物垮塌砸死，而是窒息死亡，如能及时救助，是完全可以获得生命的。唐山大地震中有几十万人被埋压在废墟中，灾区群众通过自救、互救使大部分被埋压人员重新获得生命。由灾区群众参与的互救行动，在整个抗震救灾中起到了无可替代的作用。

3. 地震震后救人的方法

应根据震后环境和条件的实际情况，采取行之有效的施救方法，目的就是将被埋压人员，安全地从废墟中救出来。

通过了解、搜寻，确定废墟中有人员埋压后，判断其埋压位置，向废墟中喊话或敲击等方法传递营救信号。

营救过程中，要特别注意埋压人员的安全。一是使用的工具（如铁棒、锄头、棍棒等）不要伤及埋压人员；二是不要破坏了埋压人员所处空间周围的支撑条件，引起新的垮塌，使埋压人员再次遇险；三是应尽快与埋压人员的封闭空间沟通，使新鲜空气流入，挖扒中如尘土太大应喷水降尘，以免埋压者窒息；四是埋压时间较长，一时又难以救出，可设法向埋压者输送饮用水、食品和药品，以维持其生命。

在进行营救行动之前，要有计划、有步骤，哪里该挖，哪里不该挖，哪里该用锄头，哪里该用棍棒，都要有所考虑。

过去曾发生过救援人员盲目行动，踩塌被埋压者头上的房盖，砸死被埋人员，因此在营救过程中要有科学的分析和行动，才能收到好的营救效果，盲目行动，往往会给营救对象造成新的伤害。

4. 地震震后施救和护理

先将被埋压人员的头部，从废墟中暴露出来，清除口鼻内的尘土，以保证其呼吸畅通，对于伤害严重，不能自行离开埋压处的人员，应该设法小心地清除其身上和周围的埋压物，再将被埋压人员抬出废墟，切忌强拉硬拖。

对饥渴、受伤、窒息较严重，埋压时间又较长的人员，被救出后要用深色布料蒙上眼睛，避免强光刺激，对伤者，根据受伤轻重，采取包扎或送医疗点抢救治疗。

5. 地震避震要点

震时是跑还是躲，我国多数专家认为：震时就近躲避，震后迅速撤离到安全地方，是应急避震较好的办法。避震应选择室内结实、能掩护身体的物体下，开间小、有支撑的地方，室外开阔、安全的地方。

身体应采取的姿势：

伏而待定，蹲下或坐下，尽量蜷曲身体，降低身体重心。

抓住桌腿等牢固的物体。

保护头颈、眼睛，掩住口鼻。

避开人流，不要乱挤乱拥，不要随便点明火，因为空气中可能有易燃易爆气体。

6. 强震过后如何自救

（1）地震发生后，应积极参与救助工作，可将耳朵靠墙，听听是否有幸存者声音。

（2）使伤者先暴露头部，保持呼吸畅通，如有窒息，立即进行人工呼吸。

（3）一旦被埋压，要设法避开身体上方不结实的倒塌物，并设法用砖石、木棍等支撑残垣断壁，加固环境。

（4）地震是一瞬间发生的，任何人应先保存自己，再展开救助。先救易，后救难；先救近，后救远。

7. 地震谣言如何甄别

(1) 正确认识国内外当前地震预报的实际水平，人类目前做出的较大时间尺度的中长期预报已有一定的可信度，但短临预报的成功率还相对较低。

(2) 要明确，在我国，发布地震预报的权限在政府，任何其他单位或个人都无权发布地震预报消息。对待地震谣传，要做到不相信、不传播、及时报告。

(3) 学习地震常识，消除恐震心理。

地震来临时，家庭成员该如何避震，专家建议掌握三条原则：

原则一：因地制宜，正确抉择。是住平房还是住楼房，地震发生在白天还是晚上，房子是不是坚固，室内有没有避震空间，你所处的位置离房门远近，室外是否开阔、安全。

原则二：行动果断、切忌犹豫。避震能否成功，就在千钧一发之际，决不能瞻前顾后，犹豫不决。如住平房避震时，更要行动果断，或就近躲避，或紧急外出，切勿往返。

原则三：伏而待定，不可疾出。古人在《地震录》里曾记载："卒然闻变，不可疾出，伏而待定，纵有覆巢，可冀完卵"，意思就是说，发生地震时，不要急着跑出室外，而应抓紧求生时间寻找合适的避震场所，采取蹲下或坐下的方式，静待地震过去，这样即使房屋倒塌，人亦可安然无恙。

2.3.2 地震时须知

1. 摇晃时立即关火，失火时立即灭火

大地震时，也会有不能依赖消防车来灭火的情形。因此，我们每个人关火、灭火的这种努力，是能否将地震灾害控制在最小程度的重要因素。从平时就养成即便是小的地震也关火的习惯吧。为了不使火灾酿成大祸，家里人自不用说，左邻右舍之间互相帮助，厉行早期灭火是极为重要的。

地震的时候，关火的机会有三次：

第一次机会在大的晃动来临之前的小的晃动之时。

在感知小的晃动的瞬间，即刻互相招呼："地震！快关火！"，关闭正在使用的取暖炉、煤气炉等。

第二次机会在大的晃动停息的时候。

在发生大的晃动时去关火，放在煤气炉、取暖炉上面的水壶等滑落下来，那是很危险的。

大的晃动停息后，再一次呼喊："关火！关火！"，并去关火。

第三次机会在着火之后。

即便发生失火的情形，在 1～2min 之内，还是可以扑灭的。为了能够迅速灭火，请将灭火器、消防水桶经常放置在离用火场所较近的地方。

2. 不要慌张地向户外跑

地震发生后，慌慌张张地向外跑，碎玻璃、屋顶上的砖瓦、广告牌等掉下来砸在身上，是很危险的。此外，水泥预制板墙、自动售货机等也有倒塌的危险，不要靠近这些物体。

3. 将门打开，确保出口

钢筋水泥结构的房屋等，由于地震的晃动会造成门窗错位，打不开门，曾经发生有人被封闭在屋子里的事例。请将门打开，确保出口。平时要事先想好万一被关在屋子里，如何逃脱的方法，准备好梯子、绳索等。

4. 户外的场合，要保护好头部，避开危险之处

当大地剧烈摇晃，站立不稳的时候，人们都会有扶靠、抓住什么的心理。身边的门柱、墙壁大多会成为扶靠的对象。但是，这些看上去挺结实牢固的东西，实际上却是危险的。

在1987年日本宫城县海底地震时，由于水泥预制板墙、门柱的倒塌，曾经造成过多人死伤。务必不要靠近水泥预制板墙、门柱等躲避。

在繁华街、楼区，最危险的是玻璃窗、广告牌等物掉落下来砸伤人。要注意用手或手提包等物保护好头部。此外，还应该注意自动售货机翻倒伤人。在楼区时，根据情况，进入建筑物中躲避比较安全。

5. 在百货公司、剧场时依工作人员的指示行动

在百货公司、地下街等人员较多的地方，最可怕的是发生混乱。请依照商店职员、警卫人员的指示来行动。就地震而言，据说地下街是比较安全的。即便发生停电，紧急照明电也会即刻亮起来，请镇静地采取行动。如发生火灾，即刻会充满烟雾。以压低身体的姿势避难，并做到绝对不吸烟。

在发生地震、火灾时，不能使用电梯。万一在搭乘电梯时遇到地震，将操作盘上各楼层的按钮全部按下，一旦停下，迅速离开电梯，确认安全后避难。高层大厦以及近来的建筑物的电梯，都装有管制运行的装置。地震发生时，会自动的动作，停在最近的楼层。万一被关在电梯中的话，请通过电梯中的专用电话与管理室联系、求助。

6. 汽车靠路边停车，管制区域禁止行驶

发生大地震时，汽车会像轮胎泄了气似的，无法把握方向盘，难以驾驶。必须充分注意，避开十字路口将车子靠路边停下。为了不妨碍避难疏散的人和紧急车辆的通行，要让出道路的中间部分。

都市中心地区的绝大部分道路将会全面禁止通行。充分注意汽车收音机的广播，附近有警察的话，要依照其指示行事。

有必要避难时，为不致卷入火灾，请把车窗关好，车钥匙插在车上，不要锁车门，并和当地的人一起行动。

7. 务必注意山崩、断崖落石或海啸

在山边、陡峭的倾斜地段，有发生山崩、断崖落石的危险，应迅速到安全的场所避难。

在海岸边，有遭遇海啸的危险。感知地震或发出海啸警报的话，请注意收音机、电视机等的信息，迅速到安全的场所避难。

8. 避难时要徒步，携带物品应在最少限度

因地震造成的火灾，蔓延燃烧，出现危及生命、人身安全等情形时，采取避难的措施。避难的方法，原则上以市民防灾组织、街道等为单位，在负责人及警察等带领下采取

徒步避难的方式，携带的物品应在最少限度。绝对不能利用汽车、自行车避难。

对于病人等的避难，当地居民的合作互助是不可缺少的。从平时起，邻里之间有必要在事前就避难的方式等进行商定。

9. 不要听信谣言，不要轻举妄动

在发生大地震时，人们心理上易产生动摇。为防止混乱，每个人依据正确的信息，冷静地采取行动，极为重要。

从携带的收音机等中，把握正确的信息。相信从政府、警察、消防等防灾机构直接得到的信息，决不轻信不负责任的流言蜚语，不要轻举妄动。

地震是自然界 10 大灾害之一，也是损失最为严重的灾难，带给社会和人们的是破坏和毁灭。目前，人类对地震的预报，仍然是一道尚未攻克的科学难题。中共中央、国务院对地震预报工作极为重视，我国地震工作者经过 30 多年的不懈努力，在成功地预报地震上，积累了丰富而宝贵的经验。现在全国建有 400 多个台站，网点 2000 多个。筑起了一道保护国家财产和人民生命安全的防护网。同时，防震减灾贯彻的是以“预防为主，防御与救助相结合”的方针，重点抓好防震减灾宣传工作和建设工程地震安全性评价和抗震设防工作是我们恪尽职守的天职。一旦地震发展，国家和各级人民政府会很快实施地震紧急救援工作，全力抢救受害的群众，保一方平安。

家庭防震的重点，主要是保证震时和震后如何有条不紊地进行家庭的防震救灾。

根据各家不同情况，可采取以下措施：

(1) 学习地震知识，掌握科学的自防自救方法。

(2) 分配每人震时的应急任务，以防手忙脚乱，耽误宝贵时间。

(3) 确定疏散路线和避震地点，要做到畅通无阻。

(4) 加固室内家具杂物，特别是睡觉的地方，更要采取必要的防御措施。

(5) 落实防火措施，防止炉子、煤气炉等震时翻倒；家中易燃物品要妥善保管。

浴室、水桶要储水，准备防火用沙；学习必要的防火、灭火知识。

(6) 学会并掌握基本的医疗救护技能，如人工呼吸、止血、包扎、搬运伤员和护理方法等。

(7) 适时进行家庭应急演习，以发现弥补避震措施中的不足之处和正确识别地震。

建筑物要有坚固的地基，如果某些动物反常在道路上狂奔，这是地震的预兆，要即使让人们离开建筑物到空旷的地方去。要做到预测到以后以最快的速度让人民知道，及时疏散开，减少人的损失。

2.3.3 大震前兆

1. 地下水异常

由于地下岩层受到挤压或拉伸，使地下水位上升或下降；或者使地壳内部气体和某些物质随水溢出，而使地下水冒泡、发浑、变味等。

2. 动物异常

震前一天、二天，牛、马赶不进圈，乱蹦乱跳，嘶叫不止，烦躁不安，饮食减少；一些猪羊不吃食，烦躁不安，乱跑乱窜；狗狂叫不止；鸡不进窝，惊啼不止；鸭不下水；家兔乱蹦乱跳，惊恐不安；鸽子在震前数天惊飞，不回巢；蜜蜂一窝一窝地飞走；老鼠反应最灵敏，在震前一天至数天，老鼠突然跑光了，有的叼着小老鼠搬家；有些冬眠的蛇爬出洞外，上树；鱼惊慌乱跳游向岸边，翻白肚等。

3. 地光和地声

地光和地声是地震前夕或地震时，从地下或地面发出的光亮及声音，是重要的临震预兆。地震有“前震—主震—余震”的规律，要注意掌握。

2.3.4 地震逃生

1. 地震前如何准备

要掌握防震减灾知识，提高自我保护意识；明确地震时的疏散路线和避震场所；清除楼道和门前的杂物；妥善处置室内易燃易爆物品；关闭煤气，切断电源，熄灭炉子火等；衣袋里装上家庭成员名单、工作单位、通信号码等。有确切血型的要写明血型。

2. 地震时怎样求生

地震时，从地震发生到房屋倒塌，一般有12s，此时要保持冷静：

(1) 能撤离时，迅速有序地疏散到选定的安全地区，不要拥挤在楼梯和过道上。

(2) 来不及撤离，应就近避震，震后再迅速撤离到安全地方。例如：在家里可躲在床或桌下面或跨度较小的房间，如卫生间等。在教室里可躲在书桌下或墙角边。在车间里可躲在机床下或小房间。在影剧院，在饭店可躲在椅子下。

(3) 撤到室外或正在室外的人员要选择空旷地带避难。

(4) 避震时，要注意保护头部，如用枕头顶在头上，用脸盆顶在头上，用书包顶在头上，用双手护住头部。

本章复习思考题

(1) 地震震级、烈度的含义是什么？

(2) 发生地震的原因是什么？

(3) 地震波的构成及特点是什么？

(4) 地震传播时的特点？

(5) 地震时如何自救与互救？

第3章 工程抗震概论

本章内容提要

本章主要内容有工程抗震概论、地震安全性评价、地震区划、抗震设防原则、结构抗震设计基本参数、抗震设计原则。

3.1 地震安全性评价

对未来地震作防震抗震准备时，需要知道未来的地震活动性，它是引起灾害的外因。在设计建于地震区的工程时，希望具体了解此工程在其使用寿命内可能遭遇到的地震动强弱及其他特性，以便合理地进行设计。由于迄今地震的发生和地震动的特性都不能精确地预测，所以，必须在概率含意上推测工程可能受到的地震威胁或危险，这就是地震安全性评价。

地震安全性评价工作的目的是为了给各项工程，包括重大工程等提供科学、合理的抗震设计地震动参数。

具体地讲，地震安全性评价是指对具体建设工程场址及其周围地区的地震地质条件、地球物理环境、地震活动规律、现代地形变及应力场等方面进行研究的基础上，采用地震危险性分析方法，科学地给出相应的工程规划或设计所需要的有关抗震设防要求的地震动参数和基础资料。其主要内容包括地震烈度复核、地震危险性分析、设计地震动参数确定、地震小区划、场地及其周围的地震地质稳定性评价和震害预测等。

对某一特定场地进行的地震安全性评价，不仅要给出特定场地强烈地震动的特性，而且要给出遭遇这种预期地震的概率。特定桥址场地遭遇预期地震的概率，可以用地震超越概率或地震重复周期来表示，这就引出地震安全评价中的以下两个常用概念。

3.1.1 地震超越概率

所谓地震超越概率，是指一定场地在未来一定时间内遭遇到大于或等于给定地震特征值（如给定震级、烈度、地震动加速度峰值等）的地震的概率，常以年超越概率或设计基准期超越概率表示。

假设某一场地超过给定值的未来地震的发生概率为均匀 Poisson 过程，则场地在 t 年内发生 n 次大于或等于给定值 I 的地震概率为：

$$P_t(I,n)=\frac{[\lambda(I)t]^n}{n!}\exp[-\lambda(I)t] \tag{3-1}$$

式中：$\lambda(I)$为大于或等于给定值 I 的地震年平均发生率。

根据上式，可分别得到特定场地未来遭遇到大于或等于给定值 I 的地震的年超越概率和设计基准期超越概率：

$$P_l(I)=1-\exp[-\lambda(I)] \tag{3-2}$$

$$P_{T_0}(I)=1-\exp[-\lambda(I)T_0] \tag{3-3}$$

3.1.2 地震重复周期

地震重复周期是指一定场地大于或等于给定地震特征值的地震重复出现的平均时间间隔。

地震重复周期 T 与年平均发生率 $\lambda(I)$ 互为倒数关系：

$$T=\frac{1}{\lambda(I)} \tag{3-4}$$

此外，地震重复周期与设计基准期超越概率之间存在以下的相互对应关系：

$$P_{T_0}(I)=1-\exp[-T_0/T] \tag{3-5}$$

$$T=-T_0/\ln[1-P_l(I)] \tag{3-6}$$

3.2 地震区划

工程抗震设防首先要进行地震安全性评价，合理估计不同地区可能遭受的地震破坏作用；也就是说，首先要确定不同地区遭遇一定超越概率的地震的基本烈度或地震动参数，以此作为抗震设防的依据。地震区划就是对各地区的地震危险性做出估计，并将其结果以区划图的形式表示出来。

我国的地震区划已发展到第四代。

20 世纪 50 年代，我国曾编制过地震基本烈度区划图。该图采用了两条原则：

(1) 曾经发生过地震的地区，同样强度的地震将来还可能重演。

(2) 地质特点相同的地区，地震活动性亦可能相同。该图首次反映了我国地震烈度分布的基本面貌，但没有赋予明确的时间概念。

20 世纪 70 年代，国家地震局编制了第二代的地震烈度区划图。该图应用当时对地震活动性和地震地质等方面的研究成果，先进行地震危险区划，对未来百年内可能发生地震的地点和强度进行预测，然后在此基础上完成地震烈度区划，对未来百年内遭遇的最大烈度分布进行预测，并以 1∶300 万比例尺地震基本烈度区划图的形式将预测结果描绘出来。根据该图的编制标准，地震基本烈度的含义是：100 年内，在平均土质条件下，场地可能遭遇的最高地震烈度。

1992 年 6 月公布施行了我国第三代地震区划图《中国地震烈度区划图(1990)》。第三代地震区划图采用地震危险性概率分析方法给出以概率形式表达的所在地区的地震烈度区划或其他地震参数。第三代地震区划图上所标示的地震烈度值，系指在 50 年期限内，在一般场地条件下，可能遭遇超越概率为 10%的烈度值。该烈度值称为地震基本烈度。

2001 年国家地震局完成了第四代地震区划图的编制。与第三代地震区划图相比，第四代地震区划图仍采用概率分析的方法，但采用了国际上普遍流行的按照地震动参数编制区划图的技术，并采用了双参数（地震动加速度和地震动反应谱特征周期）的表述方式。第四代地震区划图 2001 年 8 月 1 日正式施行。

目前，国家地震局正在进行第五代地震区划图的编制。新一代地震区划图编制的基本原则首先考虑将抗倒塌地震动参数作为编图的基准，保证抗倒塌水准的地震动参数的科学性和合理性。

第五代地震区划图将于 2010 年制定完成。与前几代地震区划图相比，第五代地震区划图除了科学性与精确度提高之外，还将体现“以人为本”的理念。

必须注意的是地震区划图上所标示的地震基本烈度值，可能与结构抗震设计中采用的抗震设防烈度值，并不完全一致。结构抗震设计中所采用的抗震设防烈度，系指按国家批准权限审定作为一个地区抗震设防依据的地震烈度，一般情况下可采用地震基本烈度；对做过地震小区划的地区，可采用抗震主管部门批准使用的地震参数，如设计地震动参数，设计反应谱曲线等。

3.3　工程结构抗震设防原则

3.3.1　预防为主的指导方针

我国现行的抗震设计规范均在总则第 1 条开宗明义地提出，抗震工作应贯彻“预防为主”的方针。

众所周知，地震工作包括震前的抗震防灾，震时的应急处理，震后的抢险救灾和恢复重建。震前的抗震防灾又包括地震的预测预报、新建工程的抗震设防、现有工程的抗震加固，以及城市抗震防灾规划的编制与实施等。这是减轻地震灾害的对策系统。预防为主的方针，就是要把工作重点放在震前的抗震防灾上，并且“从预测到预防，以预防为主”。

我国的地震区分布广，震中分散，以致不易捕捉地震发生的地点。地震发生的时间与强度，目前也尚未达到能准确预报的水平。实际上，即使到了能准确预报地震（地点、时间和震级）的时候，如果不能做好抗震防灾的各项预防措施，各类工程结构、尤其是城市生命线工程没有抗震能力，一旦中强地震发生在城市及其周围地区，则仍会造成重大的损失。因此贯彻“预防为主”的方针，做好震前抗震防灾的各项预防工作，是减轻地震灾害最有效的战略决策。

工程结构抗震防灾的目标是减轻结构的地震破坏，保障人民生命财产的安全，减少经济损失。这意味着，抗震设防的要求很大程度上依赖于经济政策和技术水平，既要使震前用于抗震设防的经济投入不超过我国当前的经济能力，又要使地震中经过抗震设计的工程结构的破坏程度限制在人们可以承受的范围内。

3.3.2　抗震设防标准

通常情况下，建设工程从选址到使用寿期内的防震措施可分为三个阶段：抗震设计、保证施工质量与合理的维护保养。其中，抗震设计是至关重要的龙头环节。抗震设计要遵从一定的标准，这就是抗震设防标准。它包括抗震设防目标、工程设防类别、设防地震和场地选择等内容。

抗震设防标准是科学性和政策性（或社会性）的结合。科学性就是要严格按照现行的有关规范要求进行工程场地地震安全性评价工作，使得评价结果较好地符合实际，具有较好的可重复性。政策性则要考虑到工程类型、重要程度、投资强度风险程度等。我国还属于发展中国家，财力物力有限，国家总的防灾政策决定了抗震设防标准不宜过高。随着科学技术的进步和国民经济的发展，以及人们防灾意识的加强，抗震设防标准也在逐渐提高。

抗震设防标准——工程设防类别：系指根据工程结构遭遇地震破坏后可能产生的经济损失和社会影响程度，以及在抗震救灾中的作用，对其所做的抗震重要性类别划分。一般分为四类，也有的行业工程分为两类或三类。

抗震设防标准——设防地震：系指针对不同重要性类别的工程，采用特定安全水准的地震作用强度为设防依据。这个特定安全水准的地震作用强度，常以一定概率水平下的地震烈度或地震动参数来表达。在现行的多种抗震设计规范中称为“设防烈度”，有的规范（水工、水运）称为“设计烈度”，也有称为“设防地震”或“设计地震”的。

抗震设防标准——抗震设防目标：系指工程结构通过抗震设计所要达到的宏观防震目标。设防目标同设计方法有关。比如，对于建筑来说是三级设防，其目标可简述为“小震不坏、中震可修、大震不倒”；而对于水工、水运、公路、铁路等工程来说，现行技术规范规定只是进行——级设防，即在设防地震作用下，如有局部损坏，经一般处理后仍可正常使用。

抗震设防标准——场地选择：系指在地震区选择建设场地时，宜选择有利地段，避开不利地段，当无法避开时应采取适当的抗震措施。这是经济合理的抗震设防前提，往往比其他抗震措施的作用还大。因为，地震对建设工程的破坏；除地震动引起工程结构的破坏外，还有场地条件的因素，诸如地震引起的地表错动与地裂，地基土的不均匀沉陷，滑坡和粉、砂土液化等。对有利，不利和危险地段的划分，应按地震活动性、构造活动性，边坡稳定性和场地地基条件等进行综合评定。

3.3.3 多级抗震设防思想

上面介绍的工程结构的抗震设防标准中的设防地震，是从概率意义上描述的，它也可以从确定意义上来描述。

从确定意义上来描述这一基本原则，首先需要规定两个或三个地震动水准，常称之小震和大震，或小震、中震和大震。小震指的是对工程建设地点而言经常发生的，中震是指在工程的使用年限内仅偶然发生的，大震则指在使用年限内发生概率极小的地震。小震、中震和大震，也称为多遇地震、偶遇地震和罕遇地震。

国内外现行的一些结构抗震设计规范，通常以 50 年为基准期，把基准期内超越概率 63％的地震（重复周期约为 50 年）定义为小震，超越概率 10％的地震（重复周期约为 475 年）定义为中震，超越概率 2％～3％的地震（重复周期分别约为 2475 年和 1642 年）定义为大震。与这三个地震动水平相应的抗震设防目标是：在小震作用下，结构物不需修理，仍可正常使用；在中震作用下，结构物无重大损坏，经修复后仍可继续使用；在大震作用下，结构物可能产生重大破坏，但不致倒塌。这种抗震设防思想，即所谓的“小震不坏，中震可修，大震不倒”的三级设防标准。

多级抗震设防的思想最早是在核电站抗震设计中提出的，以后逐渐在其他重大工程（如近海平台、高压贮液设备、生命线工程等）中也被采用。目前，国内外现行的结构抗震设计规范中，也多有采用这种抗震设防思想的，如日本和美国现行的桥梁抗震设计规范等，我国早在1989年实施的《建筑抗震设计规范》（GBJ 11—89）中，就明确提出了“三水准两阶段”的多级抗震设防思想。

今天，值得特别注意的一个问题是，城市生命线工程的抗震设防标准及设防目标。长期以来，结构抗震设防的基本目标是避免结构倒塌破坏，其他的设防目标则被隐含地认为自动满足，并没有一个特定的程序用于评估结构设计是否满足这些设防目标。

然而，从最近10来年国内外发生的几次都市地震的震害经验中，人们普遍认识到，现行的结构抗震设防思想存在一定的缺陷，尤其是对城市生命线工程的抗震设防问题。由此，就产生了一种新的抗震设防思想，基于性能的抗震设计（performance based seismic design）。性能设计思想目前已被广泛认为是未来结构抗震设计规范发展的基本思想。

3.4 抗震设计极限状态概念

对结构静力设计而言，所谓极限状态，一般是指一个结构或结构的一部分达到一个使它不适合使用的特殊状态。一般有两类极限状态：即正常使用极限状态和承载能力极限状态。对结构抗震设计而言，由于作为结构外部作用的地震动性质不同于静力荷载，因此，抗震设计的极限状态概念与静力设计的极限状态概念不尽相同。从结构抗震设计的发展看，采用分级抗震设防原则是必然趋势。以下，从分级抗震设防思想出发，定义结构抗震设计中的极限状态概念。正常使用极限状态：这个极限状态与静力设计中使用的概念基本一致。混凝土结构达到正常使用极限状态时，可能会出现较多的裂缝，但裂缝宽度应受到限制，钢筋不会发生明显屈服，混凝土保护层不出现剥落。结构一般不受损坏或不需修理仍可继续使用。结构处于正常使用极限状态时，结构基本上保持弹性状态。

有限损坏极限状态：这个极限状态主要是用于控制结构的破坏程度。混凝土结构达到有限损坏极限状态时，钢筋发生明显屈服，导致较宽的裂缝，混凝土保护层可能剥落，但不应出现箍筋断裂或纵向钢筋的屈曲现象，而且塑性铰区域的核心混凝土无须更换。结构经表面修复或不需修理仍可继续使用。有限损坏极限状态给出了能经济地修复的破坏与不能修复或不能经济地修复的破坏之间的界限。

免倒塌极限状态：这个极限状态是为了确保结构不会发生倒塌或危及生命的严重破坏。结构抗震设计的基本目标，就是防止结构在预期的地震作用下倒塌破坏。混凝土结构达到免倒塌极限状态时，结构可能大量损坏，修复可能是不经济的，或者在技术上是不可行的。结构处于免倒塌极限状态时，结构的侧向抗力早已不足于抵抗地震作用，而且由于结构破坏，侧向抗力实际上也已经明显下降。此时，结构保持不倒的关键是其非弹性变形能力。

3.5 结构抗震设计基本参数

工程结构的刚度、强度和延性，是结构抗震设计的三个基本参数。

3.5.1 刚度

为了正确可靠地计算结构在地震侧向力作用下的变形，进而控制其变形，工程师必须估算出结构的实际刚度。这个量值把荷载或作用力与结构的变形联系起来。

对结构刚度的估计值将直接影响到对结构地震反应位移的预期值。在桥梁抗震设计中，过去往往使用全截面刚度代替开裂截面刚度，因而人为低估了结构的地震反应位移，导致地震中出现落梁震害的严重后果。

3.5.2 强度

如果要保证工程结构在预期的地震作用下免遭破坏，结构就必须具有足够的强度，以抵抗结构在其弹性地震反应时所产生的地震内力效应。对于发生概率很低的地震，如475年一遇的地震（通常对应设计地震水平），结构为抵抗其激起的弹性地震力，需要相当高的强度。对于一般性工程结构，如果确实这样做的话，则意味着在经济上的极大浪费。因此，实际上在设计时，强度通常只取对应弹性地震力的一小部分，如15％～25％，并依靠结构的非弹性变形能力，使结构在地震中得以幸存。

3.5.3 延性

为了把严重的破坏降低到最低限度，并确保带有适度抗倒能力的工程结构免于倒塌，当大地震迫使结构产生大变形时（这些变形可能远远超出了弹性范围），结构必须仍能维持其大部分初始强度。结构、构件或材料用于抵抗其在非弹性反应范围内的变形的能力，通常用延性这个术语来描述。

延性是位于地震区的工程结构所必须具备的一个无比重要的特性。结构之所以可以依靠其延性在大地震中免于倒塌，其根本原因在于地震动对结构的作用是以运动方式、而非力的方式出现。

3.6 结构抗震设计原则

合理的抗震设计，要求设计出来的结构，在强度、刚度和延性等指标上有最佳的组合，使结构能够经济地实现抗震设防的目标。要达到这个要求，就需要设计工程师深入了解对结构地震反应有重要影响的基本因素，并具有丰富的经验和创造力，而不仅仅只是按规范的规定执行。

以下，介绍抗震设计应尽可能遵循的一些基本原则，这些原则基于历次的工程结构震害教训和当前公认的理论认识。主要包括以下几条。

1. 场地选择

除了根据地震安全性分析尽量选择比较安全的场址之外，还要考虑一个地区内的场地选择。

选择的基本原则是：避开地震时可能发生地基失效的松软场地，选择坚硬场地。基岩、坚实的碎石类地基、硬黏土地基都是理想的场地；饱和松散粉细砂、人工填土和极软的黏土地基或不稳定的坡地及其影响可及的场地都是危险地区。在地基稳定的条件下，还可以考虑结构与地基的振动特性，力求避免共振影响；在软弱地基上，设计时要注意基础的整体性，以防止地震引起的动态的和永久的不均匀变形。

2. 体系的整体性和规则性

结构的整体性要好。对于桥梁结构，上部结构应尽可能设计成连续的。整体性可防止结构构件及非结构构件在地震时被震散掉落，同时它也是结构发挥空间作用的基本条件。无论是在平面或立面上，结构的布置都要力求使几何尺寸、质量和刚度均匀、对称、规整，避免突然变化。

3. 结构和构件的强度与延性的均衡

强度与延性是决定结构抗震能力的两个重要参数。只重视强度而忽视延性绝对不是良好的抗震设计。一般而言，结构具有的延性水平越高，相应的设计地震力可以取得越小，结构所需的强度也越低；反过来，结构具有的强度越高，结构所需具备的延性水平则越低。必须认识到，所选择的延性水平将直接影响到结构的地震破坏程度。这是因为结构延性的发挥即意味着结构在设计地震动作用下将经历若干次反复的弹塑性变形循环，也即意味着结构将出现一定程度的破坏。一般情况下，结构经历的非弹性变形越大，其破坏程度也越高。因此，在设计抗震结构时，应当在设计强度和延性水平之间取得适当的均衡。

4. 能力设计原则

传统的静力设计思想认为，理想的设计是使结构各构件都具有近似相等的安全度，即结构中不要存在局部的薄弱环节。但由于结构各构件的重要性程度并不相同，实际上即使是对于静力设计而言，等安全度设计思想也并不合适，对于抗震设计，则更是存在严重的缺陷。能力设计思想强调强度安全度差异，即在不同构件（延性构件和能力保护构件—不适宜发生非弹性变形的构件统称为能力保护构件）和不同破坏模式（延性破坏和脆性破坏模式）之间确立不同的强度安全度。通过强度安全度差异，确保结构在大地震下以延性形式反应，不发生脆性的破坏模式。

5. 多道抗震防线

应力图使工程结构具有多道抵抗地震侧向力的体系，则在强地震动过程中，一道防线破坏后尚有第二道防线可以支承结构，避免倒塌。因此，超静定结构优于同种类型的静定结构。与建筑结构相比，桥梁结构在这方面可利用的余地通常并不大。

本章复习思考题

（1）什么是地震安全性评价？

（2）结构的抗震设防标准是什么？

（3）抗震设防的原则是什么？

（4）抗震设计的基本原则是什么？

第4章 地震动特性

本章内容提要

本章主要内容有地震动的观测、随机过程描述、地震动特性。

地震动是引起地震灾害的主要外因，其作用相当于结构分析中的各种荷载，差别在于结构工程中常用的荷载以力的方式出现，而地震动则是以运动的方式出现；常用的荷载一般作用的方向和大小的变化是有规律的，而地震动的作用方向和大小的变化是无规律的。

地震动是指由震源释放出来的地震波所引起的地面运动。这种地面运动可以地面质点的加速度、速度和位移表示。地震动的显著特点是其时程函数的不规则性。因此，关于地震动的研究依赖强地震动观测的发展上。对已有观测记录的研究，则侧重地震动如幅值、频谱和持续时间以及这三个参数在地震波传播过程的变化规律。地震动是一个复杂的现象，其所以复杂是因为有许多因素我们还没有弄清楚，如震源与传播介质中千差万别的动力作用过程与裂隙构造，从而产生了许多变化。

4.1 地震动的观测

强震观测是地震工程学的基础之一。自强震加速度仪出现以来，强震观测记录有力地推动了地震工程学的发展。正是在强震记录的基础上，产生了地震反应谱理论，发展了随机振动理论，加深了对地震动特性的认识，促进了结构动力反应分析技术的形成和振动台试验技术的实现。因此，地震工程工作者不但应该了解强震观测记录的现状，还要充分注意强震观测技术的发展。

4.1.1 地震动的记录仪器

观测记录地震动的仪器称为地震仪。早在 132 年（东汉时），我国古代科学家张衡首先创造了世界上第一台地震仪——张衡地动仪，安置在当时的京城洛阳。6 年后甘肃发生了一次地震，地震仪正西方向的龙吐出一珠，使张衡首先知道正西方向发生地震，开创了人类用仪器记录地震的先河。近代的地震仪始于 18 世纪 80 年代，一般包括拾震器（传感器）、放大器和记录装置三个系统。拾震器通常是一个具有一定周期和阻尼的单自由度振动子，选择适当的参数再配备积分和微分装置后可以记录位移、速度和加速度。地震仪通常以观测弱震位移和速度为主。传统的地震仪主要采用模拟记录，各个台站独立记录，但可以按统一时标进行分析。进入 20 世纪 80 年代以后才发展了由不同频带的记录仪器组成的多点记录、有线和无线传播的数字化地震台网。在我国的数字地震台网（CDSN）中采用了短周期（SP）、宽频带（BB）、长周期（LP）和甚长周期（VLP）等4种仪器相互配合，实现了宽频带、可控增益的数字化记录，从而大大提高了观测精度和测报能力。

虽然早在132年就有了地震仪，但是，能够记录地震动过程的仪器则是近百年的事了。地震动观测仪器主要有地震仪和强震加速度仪两种。两者的基本情况列于表4-1。

表4-1　地震仪与强震仪的对比

仪器	使用者专业	地震强弱	运转	记录纸速	放大倍数	记录地震动量	记录重点内容	设置地点	频带
地震仪	地震	弱	连续不停	慢	高	位移	各种到时与初动方向	基岩	窄、低频
强震仪	抗震	强	自动触发	快	低	加速度	全过程	各种场地与结构物	宽，高低频

现有的地震动记录仪器可以概括为两大类：一类是地震工作者使用的，目的在于确定地震震源的地点和力学特性、发震时间和地震大小，从而了解震源机制、地震波所经过的路线中的地球介质及地震波的特性和传播规律。除地震本身之外，研究的内容还涉及地球的内部结构。另一类是抗震工作者使用的，目的在于确定强地震时测点处的地震动和结构振动反应，以便了解结构物的地震动输入特性、结构物的抗震特性，从而为抗震设计提供数据。由于目的不同，各自使用的仪器的性能也不同，前者称为地震仪，后者称为强震仪或强震加速度仪。

地震仪以弱震动为主要量测对象。因为强震少，而弱震则经常发生，通过弱震动的量测就可以迅速取得所需要的资料，达到研究目的；另外，从制造工艺来看，满足此要求的仪器以记录地震动位移比较容易。因此，地震工作者采用的地震仪几乎都是记录微小地震动位移的。强震加速度仪以强震动为主要量测对象，因为只有强震动才能危及人民生命财产的安全，才是抗震工作者研究的对象。为了得到对结构破坏起主要作用的数据，测量的重点是地表附近的地震动全过程。地震动的物理量大多选定为与地震惯性力联系密切的地震动加速度。从制造工艺来看，满足此要求的仪器以记录地震动加速度或速度比较容易。因此，抗震工作者使用的强震仪几乎全是记录强烈地震动加速度的。另外一个原因则是，从地震动加速度过程 $a(t)$ 推算地震动速度过程 $v(t)$ 和位移过程 $u(t)$ 比较容易；反过来，从位移过程推算加速度过程就比较困难。表4-1中列出了两类仪器的不同特性。由于现代建筑技术的发展，兴建了许多高层房屋、大跨桥梁和近海工程与核电站之类的特种结构与地下结构以及高水头大坝，抗震工作者对强地震动的位移也感需要；与此同时，地震工作者也想观测强震动，利用近场地震动，研究震源机制中的一些动力过程，所以地震与抗震工作者在观测地震动的仪器与观测内容上也是相互补充、渗透和接近的。

一般说来，地震仪以弱地震动为主要测量对象，测量地震动的位移。强震加速度仪以强地震动为观测对象，测量地震动的加速度。强震加速度仪记录拾震器所在点三个互相垂直分量（一个垂直和两个水平方向）的地震动。每一分量各由一个拾震器、一个放大器和一个记录器组成的系统记录。

强震加速度仪按类型可分为模拟式和数字式两类。后者在20世纪70年代中、后期才开始研制。现在使用的是模拟式强震仪，这种强震仪的主要缺点有三：①记录丢头。模拟式强震仪是靠地震动到达一定强度后触发而自动工作的，因此，当加速动峰值小于或接近

$0.01g$ 时，只能记录震动的尾部而丢掉主要部分，用这样的记录研究地震动最大振动或持时影响将会得到偏小的结果。②记录周期和极大加速度的能力不足。随着研究视野的扩大，要求强震仪能记录周期 0.03～20s、加速度峰值 $0.001g$～$2.0g$ 的地震动，而一般模拟式加速度仪不具备如此高的精度。③预处理容易引入误差。模拟式强震仪将结果记录在照相纸或胶卷上，在将结果数值化过程中会引入严重误差。实测结果表明，现在使用的强震仪且其相应预处理分析方法，甚至不能准确反映周期大于 1s 的地震动。显然，这大大限制了强震记录的使用价值。

针对上述问题研制的数字式强震仪则具有以下优点：①一般不会丢头，振幅可以变化很大而精度仍满足要求；②周期范围宽，长周期振动精度高；③预处理大为简化，可以迅速用于计算机处理。

对于强震仪假若选择自振周期 $T=2\pi/\omega_0$ 约为 0.05s 的拾震器，只能比较准确地记录到 $T>0.05$s 的地震动。通常将记录幅值约为真实值 90%的频率称为通频带频率，那么，对于加速度仪而言，通频带频率为 $\omega \leqslant 0.8\omega_0$。由于真实地震动中包含有各种频率的分量，那些频率高于 $0.8\omega_0$ 的分量都记录得过小，这种现象称为“失真”。因此，现有强震加速度仪对于比 0.06s 周期较短的地震动分量是失真的。但是，由于强震仪的特性是已知的，所以有可能修正这种失真。

4.1.2 强震观测系统

按照一定规则布置的强震观测台阵称为强震观测系统。强震观测的基本目的是：①取得地震时地面运动过程的记录，为研究地震影响场、震源机制等提供第一手资料；②取得结构在强地震作用下的振动过程记录，为结构抗震动力分析与试验研究提供参考数据。根据观测目的的不同，强震观测系统可分为以下几种类型。

1. 地震动衰减台阵

这种台阵的布设方法是将强震仪成线状沿发震断层辐射线上布设，目的是了解地震动衰减规律和地震传播效应。整个台阵一般布设十几台到几十台强震仪。

2. 断层地震台阵

常与地震动衰减台阵联合布设，目的在于了解、研究近场地震动特征和震源机制。

3. 区域性地震动台阵

这种台阵的观测目的在于获得一个较大地区内的地震动资料，了解场地对地震动的响应。这种台阵分布较广，线性长度可达数百公里，布设仪器较多。

4. 结构地震反应台阵

这种台阵沿建筑物不同高度布设，以了解结构物在强震作用下的反应。这种记录结果对研究结构地震反应特点，进行结构系统识别具有重要价值。在我国唐山地震主震和强余震中，北京饭店、天津医院等处取得了宝贵的台阵观测记录。顺便指出，有关研究表明，为了进行有效的系统识别，台阵应满足最少的仪器数和最佳的布设方式。

5. 地震动差别台阵

这种台阵布设范围可达几百米，目的在于研究地震动的空间相关性。规模较大的中国台湾省 SMART－1 差动台阵，在圆心且三个同心圆上共布设 37 台强震仪，自 1980 年起已多次取得良好记录。可以预计，随着这类记录数据的增加，将使长、大型工程结构，地上管网系统的研究跨入一个新的阶段。

6. 地下地震台阵

这种台阵布设于地表及地下几十米至 200m 范围内，目的是了解地震动随深度的变化。其结果对于研究土—结构相互作用、验证土体动力反应分析方法、设计地下构筑物具有重要价值。

强震观测系统的布设，可以是固定式的，也可以是流动式的。后者更适合于近场强震观测。1988 年 11 月 6 日云南省澜沧—耿马地震后 3 天，地震工作者即赶到现场，布设了流动观测台阵，获得了大量近场加速度记录。特别是 11 月 30 日，搅动观测组在即将撤离现场的前夕获得一次 6.7 级强余震的近场记录（震中距 3.8km，最大加速度 0.54g，记录时间长达 30s），波形完整，是迄今我国用仪器在近场条件下记到的最大强震地面运动记录。

4.1.3 强震观测现状

以地震工程研究为目的的强震观测，在 20 世纪 60 年代初期以前，观测重点在于结构，且以房屋为主。60 年代后期，随着地震工程研究的深入，加强了对地表地震动的观测和近地表区的地震动观测。我国强震观测至今已取得了很大成就。到目前为止，已正式出版了黄壁庄水库、唐山地震、海城地震、龙陵地震、乌恰地震、澜沧—耿马地震、松潘地震等一系列强震观测报告。国际上可用的地震记录已达数千条。典型的强震加速度记录及其速度、位移积分见图 4－1～图 4－3。三图代表了三种典型：①中等震源距坚硬场地的记录；②软土过滤有显著卓越周期的记录；③具有场面永久变形的记录。除了三图的形状差异外，地震记录的最直观特征是其不规则性。

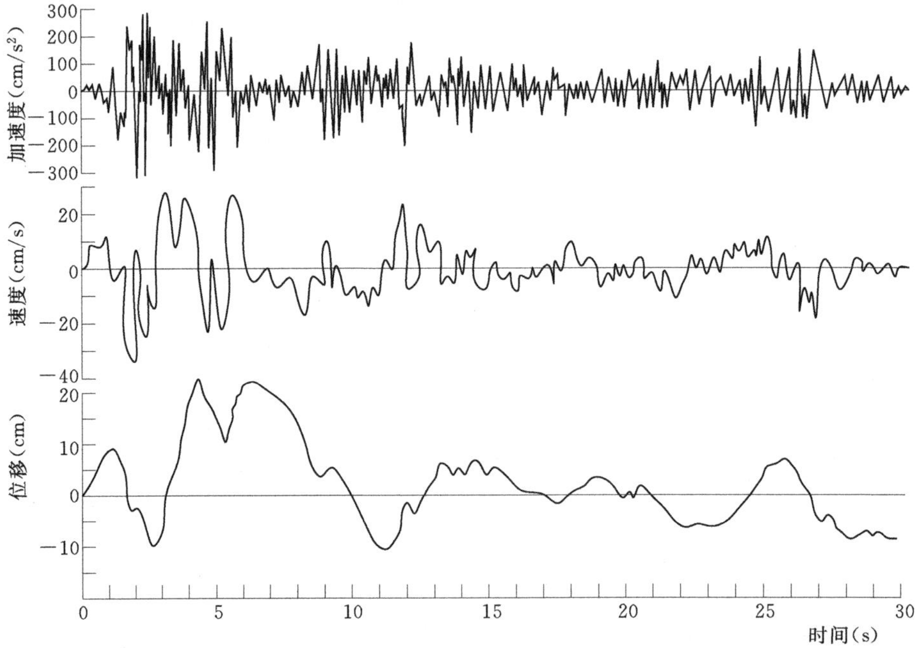

图 4－1　1940 年 5 月 18 日美国加州埃尔生特罗地震，南北向分量

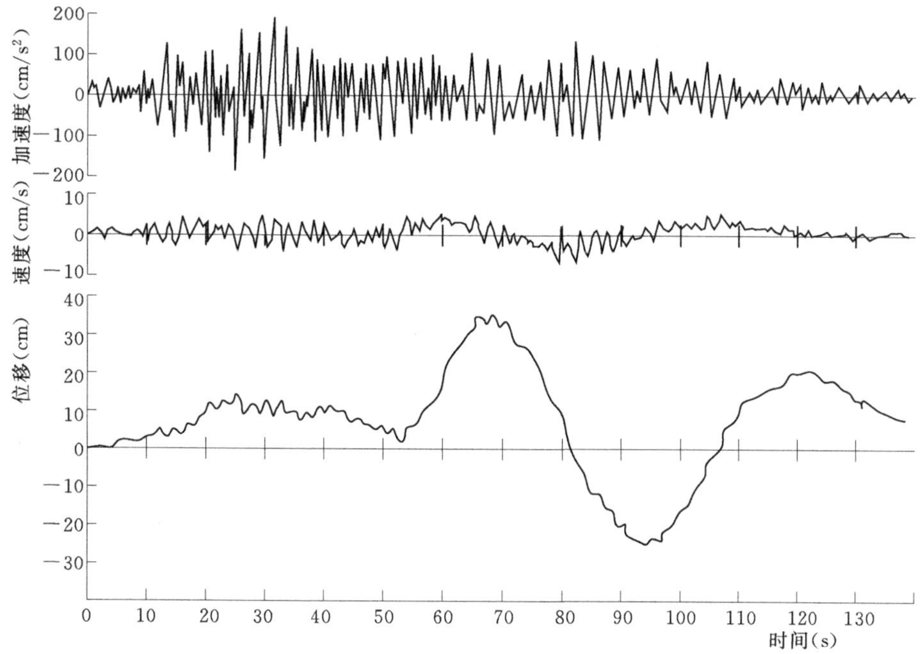

图 4-2 1964 年 7 月 6 日墨西哥墨西哥城地震，南北向分量

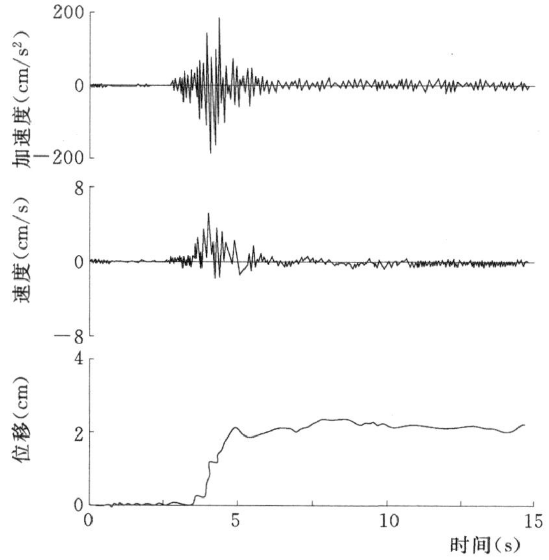

图 4-3 1982 年 10 月 9 日中国唐山余震，东西向分量（卢龙）

4.2 地震动的随机过程

地震动以波的形式在地下及地面传播，由于断层机制、震源特点、传播途径等因素的不确定性，地震波具有强烈的随机性。由于数字上的困难和强震记录数量的限制，目前，

建立完整的地震动随机过程模型尚有困难。通常的做法是先根据经验设定模型形式，然后利用现有强震记录资料检验模型的适用性。

4.2.1　随机过程的概率结构

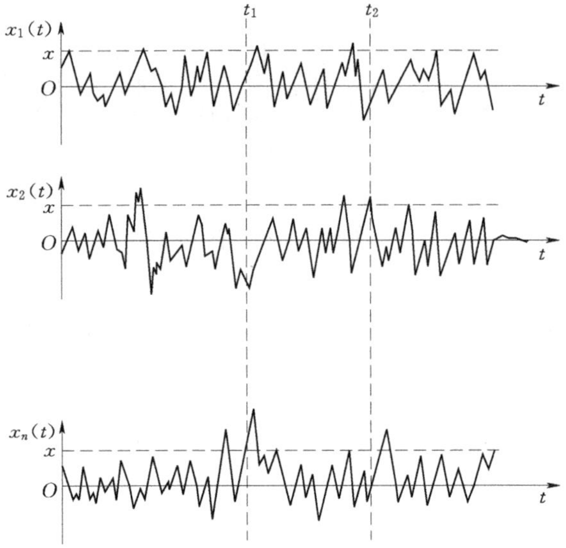

图4-4　随机过程的样本函数

所谓随机过程，是指定义一个参数集上的一簇随机变量系，在此参数集的每一点处都对应于一个随机变量（称为截口随机变量）。一维随机过程可视为多元随机变量的一个自然推广。如果把多元随机变量的维数视为参变量，那么，一维随机过程的时间参数可视为此变量连续变化的结果。从这一概念出发，多元随机变量的种种基本概念可以类推于一维随机过程。地震动随机过程的抽样特征如图4-4所示。随机过程的概率结构可以用两种形式来定义，一是概率密度形式；二是特征函数形式。

以概率密度形式，随机过程 $x(t)$ 概率结构可以表示为：

$$\left.\begin{array}{l} p_1(x_1,t_1) \\ p_2(x_1,t_1;x_2,t_2) \\ \vdots \\ p_n(x_1,t_1;x_2,t_2;\cdots;x_n,t_n) \end{array}\right\} \tag{4-1}$$

其中各行分别称为一维分布密度，二维分布密度，…，n 维分布密度。

采用特征函数形式，随机过程 $x(t)$ 的概率密度可以表示为：

$$M_1(\theta_1,t_1)=E\{\exp[i\theta_1 x(t_1)]\}=\int_{-\infty}^{\infty}e^{i\theta_1 x_1}p_1(x_1,t_1)\mathrm{d}x \tag{4-2}$$

$$M_2(\theta_1,t_1;\theta_2,t_2)=E\{\exp[i\theta_1 x(t_1)+i\theta_2 x(t_2)]\}=\int_{-\infty}^{\infty}\int_{-\infty}^{\infty}e^{i(\theta_1 x_1+\theta_2 x_2)}p_2(x_1,t_1;x_2,t_2)\mathrm{d}x_1\mathrm{d}x_2 \tag{4-3}$$

$$\begin{aligned} M_n(\theta_1,t_1;\theta_2,t_2;\cdots;\theta_n,t_n) &= E\{\exp[i\theta_1 x(t_1)+i\theta_2 x(t_2)+\cdots+i\theta_n x(t_n)]\} \\ &=\int_{-\infty}^{\infty}\cdots\int_{-\infty}^{\infty}e^{i\sum_{j=1}^{n}(\theta_j x_j)}p_n(x_1,t_1;x_2,t_2;\cdots;x_n,t_n)\mathrm{d}x_1\mathrm{d}x_2\cdots\mathrm{d}x_n \end{aligned} \tag{4-4}$$

可见，特征函数实质上是概率密度的傅里叶变换。因此，随机过程的两种概率结构形式是等价的。

从随机过程的概率结构描述可知，为了全面研究随机过程的概率特性，从概念上讲，必须确定其有限维分布函数族，而进行这一工作所需要的统计与试验工作，往往难以实现。并且，即使可以完成这样的工作，从目前数学水平的发展来看，也难以很好地处理如此复杂的概率问题。因此，目前随机过程的研究与应用主要局限于：

(1) 通过一维和二维分布函数来描述实际物理过程。当物理背景满足高斯过程或马尔可夫过程的条件时，这种描述能完全反映物理过程的概率特征。

(2) 通过数字特征来描述随机过程的概率特征。由于特征函数展开的主部是一、二阶数字特征，因此，这种描述基本揭示了物理过程的概率结构的主要部分。

4.2.2 自相关函数与功率谱密度函数

从地震动的随机过程描述角度来看，人们最关心的数字特征是随机过程的自相关函数与功率谱密度函数。这是因为地震动过程常常用二阶矩平稳过程与一强度函数相乘的形式来描述。

随机过程 $x(t)$ 的自相关函数定义为任意两个不同状态 $x(t_1)$ 和 $x(t_2)$ 的原点相关矩：

$$R_x(t_1,t_2)=E[x(t_1)x(t_2)]=\int_{-\infty}^{\infty}\int_{-\infty}^{\infty}x_1x_2p(x_1,t_1;x_2,t_2)\mathrm{d}x_1\mathrm{d}x_2 \tag{4-5}$$

相关函数描述了随机过程两个状态之间在时域上的相关程度。一般说来，如果过程中不含有周期分量，则相关函数是时间差的衰减函数，即随着时间间隔的增大，状态 t_1 的随机变量与状态 t_2 的随机变量取值在概率意义上的接近程度亦随之减弱。

在随机过程论中，将数学期望等于常数，而相关函数仅仅 $\tau=t_2-t_1$ 是时间间隔（而与 t_1，t_2 无关）这样一类过程称为二阶平稳过程或宽平稳随机过程（也简称为平稳过程），而把有限维概率分布都不随时间发生变化的一类过程称为严平稳随机过程。直接按式（4-5）计算自相关函数要求提供过程本身的二维概率分布密度。当难以获得这种分布密度函数时，往往引用各态历经假定。这一假定认为：一条足够长的时间历程样本可以包含关于随机现象的所有统计信息。因此，可以用关于时间上的平均来代替集合的平均，即取：

$$R_x(\tau)=\lim_{T\to\infty}\frac{1}{T-\tau}\int_0^{T-\tau}x(t)x(t+\tau)\mathrm{d}t \tag{4-6}$$

各态历经过程一定是平稳过程，但反命题不成立。对于地震工程的实际应用而言，由于无法在一次地震中对同一点地震动取得多次观测值，从而无法进行集合平均。因此，尽管已意识到地震动过程可能不符合各态历经假定，也不得不继续采用。与时域中的上述自相关函数描述相对应，在频域中的最重要二阶统计数字特征是功率谱密度函数（简称功率谱或谱密度），这一函数定义为自相关函数的傅里叶变换，即

$$\left.\begin{aligned}S_x(\omega)&=\int_{-\infty}^{\infty}R_x(\tau)\mathrm{e}^{-i\omega\tau}\mathrm{d}\tau\\R_x(\tau)&=\frac{1}{2\pi}\int_{-\infty}^{\infty}S_x(\tau)\mathrm{e}^{i\omega\tau}\mathrm{d}\omega\end{aligned}\right\} \tag{4-7}$$

可以从数学含义和物理含义两个角度来理解功率谱密度函数。作为数学含义的理解，当 $\tau\to 0$ 时，随机过程的方差

$$D[x(t)]=R_x(0)=\frac{1}{2\pi}\int_{-\infty}^{\infty}S_x(\tau)\mathrm{d}\omega \tag{4-8}$$

因此，$S(\omega)$ 表示了过程方差在频率内的分布密度函数。换言之，$S(\omega)$ 表示了过程方差

在频率及其邻域内的分布强度。作为物理意义的理解，随机过程所做的功可以用其幅值平方的方式定义：

$$V_x = \int_0^T x^2(t)\mathrm{d}t \tag{4-9}$$

对式（4－9）两端取数学期望值，则

$$E[V_x] = \int_0^T E[x^2(t)]\mathrm{d}t = D[x(t)]T \tag{4-10}$$

式中：$E[V_x]$ 表示平均功，单位时间内的平均功即为功率 W。

4.2.3 地震动加速度过程的频域表示

强震加速度时程是强震记录的直接结果。而且由于地震动的速度和位移与地震动加速度有简单的联系，因此，对加速度的随机过程描述研究较多。这种描述分为频域描述和时域描述。对于频域描述，首先采用平稳随机过程的方式。

二阶平稳随机过程的概率特征可以用其功率谱密度表示。最早用于模拟地震动加速度过程的一类二阶平稳过程是白噪声过程，其功率谱密度函数为：

$$S(\omega)=S_0 \tag{4-11}$$

由于实际地震动过程的频率总是在一定范围内分布的，因此，采用有限带宽白噪声模型来修正上述定义域，即

$$S(\omega)=S_0 \tag{4-12}$$

式中：ω 为截止频率，$-\omega_0<\omega<\omega_0$。

这样，可避免过程方差 $\int_{-\infty}^{\infty} S(\omega)\mathrm{d}\omega$ 趋于无穷的不合理现象。

有限带宽白噪声模型假定地震动的频率分布在一定范围内是均匀的，这与实际地震波记录有较大差异。为此，提出了用过滤白噪声模拟地震动加速度过程：

$$S(\omega)=\frac{1+4\beta^2\left(\frac{\omega}{\omega_0}\right)^2}{\left[1-\left(\frac{\omega}{\omega_0}\right)^2\right]^2+4\beta^2\left(\frac{\omega}{\omega_0}\right)^2}S_0 \tag{4-13}$$

式（4－13）是将地基模拟为单自由度体系，以白噪声过程 S_0 作为输入计算随机反应输出的结果。其中 β 为地基阻尼比，ω_0 为地基卓越圆频率。典型场地的谱参数见表 4－2。这一模型是日本金井清和田治见最先提出来的，通常称为 Kanai－Tajimi 公式。

表 4－2　　金井清谱中的参数

参数场地	软 土	中 硬 土	硬 土
ω_0	10.9	16.5	16.9
β	0.96	0.8	0.94

1964 年，豪斯纳从研究无阻尼单自由度体系受白噪声激励产生的速度反应谱入手，提出地震动加速度的功率谱密度函数可用下式表示：

$$S(\omega)=-\frac{0.115^2}{t_0}E[S_v(0,\omega,t_0)]^2 \tag{4-14}$$

式中：S_v 为无阻尼单自由度体系受白噪声激励而产生的速度反应谱；t_0 为持续时间。

单自由度体系模拟的是均匀地基。对于多层地基，应考虑模拟为多自由度体系。这样，考虑多层过滤的地震动过程功率谱可以写为：

$$S(\omega)=\sum_{k=1}^{N}\frac{\omega^2}{(\omega_{0k}^2+\beta_k^2-\omega^2)^2+4\beta_k^2\omega^2}S_{0k} \tag{4-15}$$

式中：k 为地基层序数；N 为地基层数。

多峰功率谱由各单自由度功率谱叠加而成。按照所要求的峰个数及其幅值大小，可调节 ω_{0k}、β_k 和 S_{0k} 等参数以获得所需要的多峰值功率谱函数。图 4-5 表示一个三层地基的模拟结果。

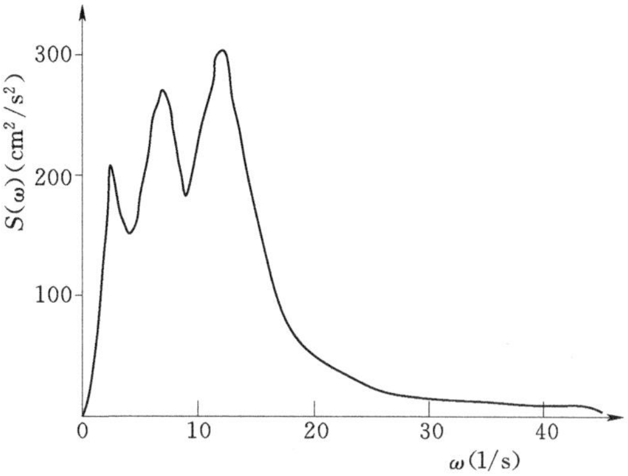

图 4-5 多层过滤强震加速度功率谱

4.2.4 地震动加速度过程的时域表示

与上述具有演变谱密度的随机过程相对应，在地震工程中，通常用随时间变化的强度函数和平稳过程的乘积表示地震动加速度过程：

$$y(t)=f(t)x(t) \tag{4-16}$$

式中：$f(t)$ 为一个确定性的强度包络函数；$x(t)$ 为一个平稳过程。

显然，非平稳过程 $y(t)$ 的谱密度随时间而变化。

常用的强度包络函数有两类：

1. 连续函数型

$$f(t)=e^{-\alpha t}-e^{-\beta t} \tag{4-17a}$$

或 $$f(t)=(a+b)e^{-ct} \tag{4-17b}$$

式中：α，β 及 a，b，c 为规定常数。

2. 分段函数型

$$f(t)=\begin{cases}(t/A)^2, 0\leqslant t<A\\ 1, A\leqslant t<B\\ e^{-\alpha[t-(A+B)]}, B\leqslant t<C\end{cases} \tag{4-18}$$

对于不同的地震动持续时间，A、B、C、α 值可取表 4-3 中的值。强度包线见图 4-6。

表 4-3　A、B、C、α 取值

持时（s）	5	10	20	30
A	0.5	1	2	3
B	3.5	6	14	22
C	1	3	4	5
α	1.5	1.15	0.8	0.64

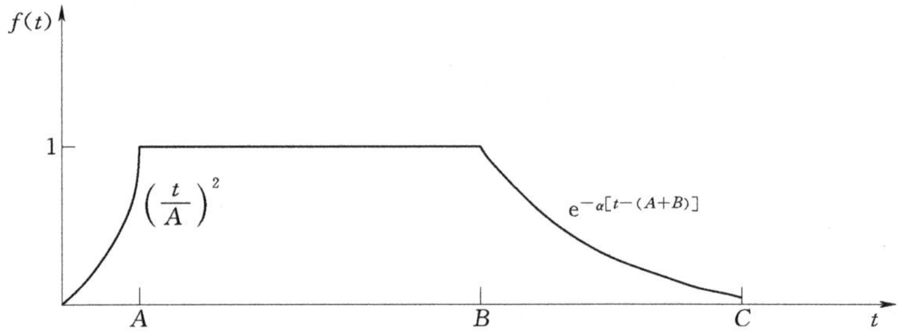

图 4-6　强震加速度时程包络函数

4.3　地震动特性

地震动的主要特性可以通过地震动的幅值、频谱和持续时间三个基本要素来表示，地震经验表明，各类结构的震害表现是这三个基本要素综合影响的结果，而单一因素的大小、宽窄或长短与震害表现之间的关系往往缺乏显明的统计规律性。

4.3.1　地震动幅值描述

地震动幅值可以指地震动加速度、速度、位移中的任何一种的最大值或某种意义下的等代值。迄今为止，已先后提出了十几种地震动幅值的定义。一般工程界侧重于接受含有最大值或有效峰值含义的定义，研究部门则希望使地震动幅值具有地震总能量或总强度的意义。常见的地震动幅值指标有以下几种。

1. 加速度最大值（a_{max}）或速度最大值（v_{max}）

这是最早提出来的、也是最直观的地震动幅值定义。这一概念在抗震工程界得到最普遍的接受与应用。但是，采用这一定义存在以下几个较严重的问题。其一，地震动加速度最大值主要反映地震动高频成分的振幅，它取决于震源局部特性而很难全面反映震源整体特性。在大震级时，震中或断层附近的加速度最大值可能会饱和。其二，现有强震记录大多来自模拟式加速度强震仪，它有两个较大的误差源：①周期小于 0.04s 的振动存在严重高频失真；②记录数字化过程中因等间距取值而丢掉最大值。因此，加速度最大值往往严重失真（例如，等间距取值与不等间距取值的峰值差可达 30%甚至更高）。

2. 持续加速度 a_s 或持续速度 v_s

根据研究，a_s/a_{max} 平均为 0.6～0.7，变化范围为 0.2～0.9，v_s/v_{max} 亦如是。这种幅值定义具有平均为有效振幅的含义，部分反映了地震动持时的影响。

3. 均方根加速度 a_{rms}

从随机过程的观点看，表示地震动振幅大小的统计特征是方差，因此取

$$a_{rms}^2 = \sigma_a^2 = \frac{1}{T}\int_0^{T_d} a^2(t)\mathrm{d}t \tag{4-19}$$

当把地震动作为平稳随机过程考虑时，a_{rms} 的平方与地震动在单位持时内的能量成正比。因此，均方根加速度属于与地震动能量有关的指标。

4. *有效峰值加速度 EPA 与有效峰值速度 EPV*

这是美国 1978 年 ATC-3 样本规范所采用的地震动幅值指标，是根据麦圭尔的研究确立的。其中 *EPA* 代表地震动反应谱的高频部分，约与 $T=0.1\sim0.5$s 之间的反应谱成正比。而 *EPV* 代表谱中的中频部分，约与 $T=1$s 附近的反应谱值成正比。于是，若以 S_a 表示 $T=0.1\sim0.5$s 的加速度反应谱平均值，用 S_v 表示 $T=0.8\sim2.5$s 的速度反应谱平均值，当阻尼比 $\xi=0.05$ 时，有效峰值加速度与速度分别为：

$$EPA=S_a/2.5,\qquad EPV=S_v/2.5 \tag{4-20}$$

5. *有效反应谱加速度 a_s*

以反应谱总面积基本保持不变为原则，逐步削去一个或少数几个加速度峰值使最大加速度值降为 a'，则有效反应谱加速度 a_s 定义为：

$$a_s=a'/0.9 \tag{4-21}$$

反应谱总面积按谱强度定义计算

$$SI_\xi=\int_{0.1}^{2.5}S_v(T,\xi)\mathrm{d}T \tag{4-22}$$

式中：S_v 为阻尼比为 ξ 时的单质点体系的相对速度反应谱。

一般以取修改后的 SI_ξ 值为修改前值的 90% 为原则，SI_ξ 值又称为谱强度。

总起来看，上述前两类定义偏重于描述地震动幅值的局部特性，后三类定义则是对地震动总能量或总强度平均描述。较全面描述地震动幅值的量，最好是利用地震动强度曲线（标准差函数）：

$$g^2(t)=\frac{1}{\Delta t}\int_{t-\frac{\Delta t}{2}}^{t+\frac{\Delta t}{2}}a^2(t)\mathrm{d}t \tag{4-23}$$

它可以看做是持时 $T_d=\Delta t$ 时均方根加速度。标准差函数 $g(t)$ 给出了地震动强度随时间变化的关系，准确地描述了振幅强度随时间变化的细节，而且还包含了强地震动持时的影响。但是，采用连续时间的函数的形式来表示概念上具有一点含义的幅值量，与人们的习惯尚有一定差距。

值得指出的是，在以前的研究中，地震动水平方向的峰值分析往往粗略地取两个水平分量中较大的一个记录来提取最大值或者按两个分量最大值的矢量和为最大值，这是相当粗略的。

4.3.2 地震动幅值特性

地震动幅值特性可以从场地条件的影响、地震动衰减关系以及地震动三个平动分量之间的幅值比值三个方面加以阐述。

场地条件对地震动幅值特性的影响与震中距有关。20 世纪 70 年代中期，一度有人认为软弱场地上的加速度峰值大于硬土场地。后来的研究表明，在近场内，基岩上的加速度峰值大于软弱场地的；而在远场则相反。

与烈度衰减概念相类似，地震动幅值亦随震级与震中距的变化而变化。大量的强震地震动记录的积累促使这方面的研究工作呈现出百花齐放的局面。以加速度峰值的衰减关系为例，先后提出了多种经验关系，但所有这些关系都具有较大的离散性，同一条件下的地震动估计的最大与最少值常可相差几倍至十几倍之多。这种离散性，一方面与震源机制未被考虑有关，另一方面也与在传播与接收地震讯号的过程中的种种因素未被考虑有关。例如，有关研究表明对于峰值加速度，房屋的影响约占总离散性的 23%，局部地质条件的影响约占总离散性的 45%，传播途径的影响约占总离散性的 30%。这反过来说明，除了震级与距离之外，震源机制、传播途径，结构和局部地质条件都严重影响地震动幅值的大小。

对地震动各分量峰值比的研究，较多地集中在水平分量峰值与垂直分量峰值之比方面，根据现有的记录，比值 α_r/α_k 的平均值大体在 1/2～1/3 之间，在接近震中时，此比值离散性很大，而在中、远场情况，离散性相对减少。

4.3.3　地震动频谱特性

仅仅从地震动幅值的大小，很难全面地解释震害现象。例如，1962 年墨西哥地震中，在离震中 200～300km 的墨西哥市，记录地震动峰值加速度仅 0.05g，却造成了非常严重的震害。而人们在更多的小震级地震中发现，震中区的地震动加速度在小震级时即可达到 0.5g 或更大的数值而基本无震害发生。这种现象说明：除地震动幅值之外，还有其他一些对结构破坏起主导作用的因素。地震动频谱特性即是另外一个必须加以足够重视的方面。地震动频谱特性可以用功率谱、反应谱和傅里叶谱来表示。由于三种谱之间具有对应关系，这里主要从功率谱角度加以描述。

图 4-7～图 4-12 是根据日本一批强震记录求得的功率谱。其中图 4-7 与图 4-8 是同一地震、震中距近似而地基类型不同的情况，显示出硬、软土的功率谱频率成分有很大不同。由于软土地基的影响，图 4-7 的记录不包含 5Hz 以上的频率成分。而硬土地基上记录的功率谱图 4-8 频率成分就比较宽泛。图 4-9 与图 4-10 具有相同的地基情况，但由于震级与震中距的差异，功率谱有所不同。对于震中距和震级都较大的图 4-9，

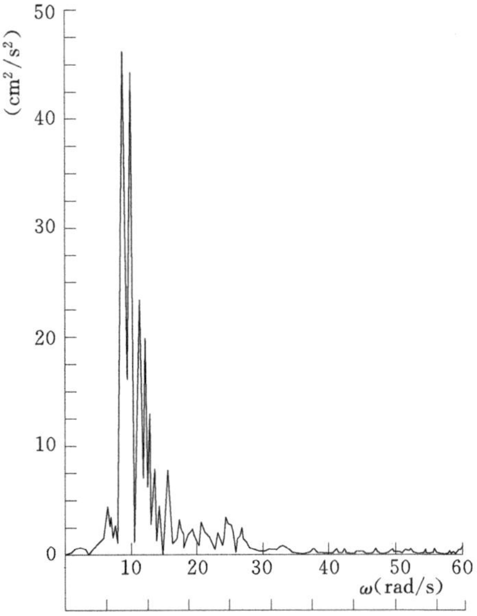

图 4-7　软土地基功率谱
（最大加速度 139.38cm/s²）

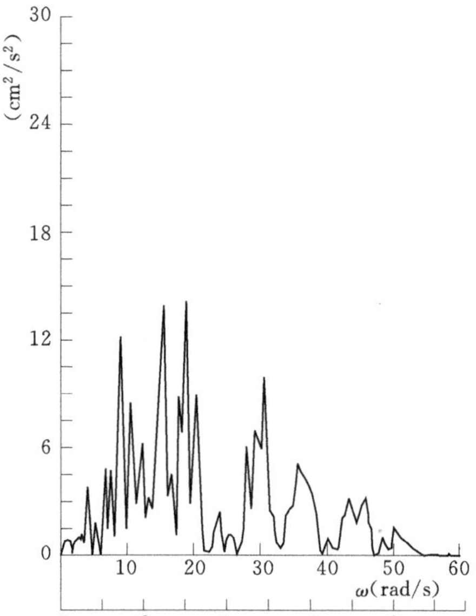

图 4-8　硬土地基功率谱
（最大加速度 206.13cm/s²）

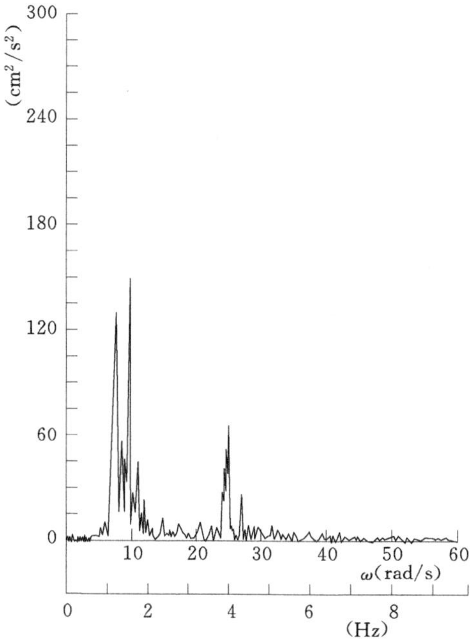

图 4-9 远震的功率谱 $M=7.5$，$R=104$km
（最大加速度 186.25cm/s²）

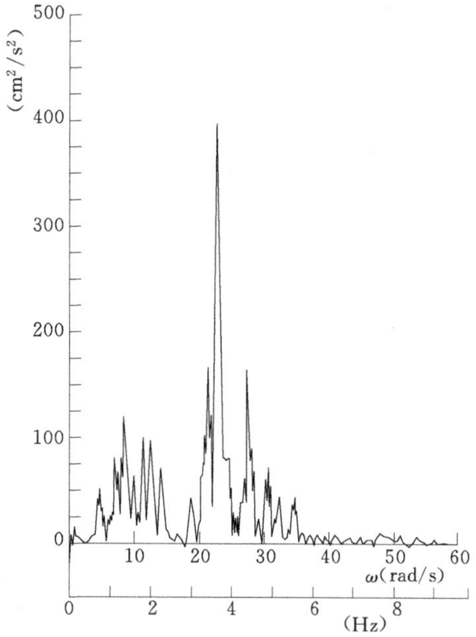

图 4-10 远震的功率谱 $M=6.8$，$R=19$km
（最大加速度 360.88cm/s²）

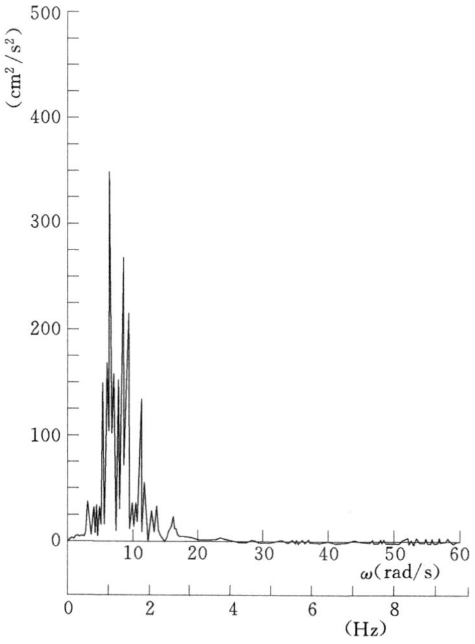

图 4-11 远震、软土功率谱
（最大加速度 181.25cm/s²）

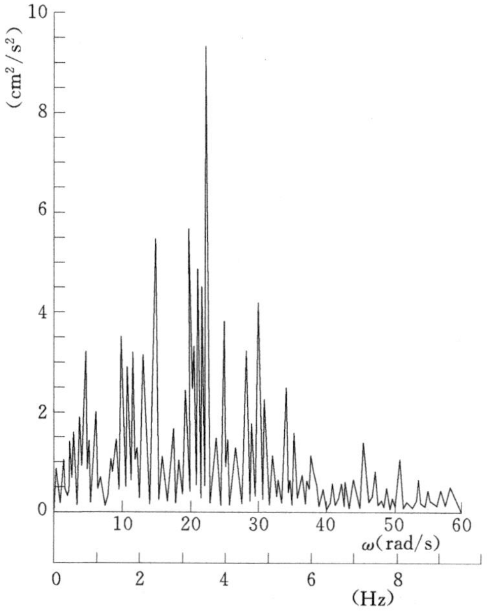

图 4-12 近震、硬土功率谱
（最大加速度 52.25cm/s²）

1.5Hz 及其附近的频率成分最为显著。对于具有较小震级和很近震中距的图 4－10，则以 4Hz 的频率最为卓越。图 4－11 与图 4－12 为震级相同而震中距和地基状况都不同的情况，其中图 4－12 的频率含量非常丰富，这与近震硬场地有关。而图 4－11 则由于远震和软土地基的综合影响，使高频成分相当程度地削弱，功率谱中的卓越成分比较明显。

总结上述，可以得出以下结论：

（1）震级越大，地震动记录中的长周期（低频）分量越显著。

（2）震中距越远，地震动记录中的长周期（低频）分量越显著。

（3）软土地基上地震动记录的卓越周期显著，而硬土地基上的地震动记录则包含多种频率成分。

顺便指出，大多数地震记录水平两方向上的自相关函数差别不大。除了震级，距离与场地条件对地震动频谱有较大影响外，震源机制也显著影响地震动的频谱组成，但由于震源机制的复杂性，这方面的研究工作目前尚无定论。

4.3.4 地震动持时特性

人们很早就从震害经验中认识到了强震持续时间对结构破坏的重要影响。但在早期的地震工程研究中，偏重于结构弹性反应的分析，因而在理论上相对忽视了这方面的研究。20 世纪 70 年代以来随着结构非线性反应研究工作的深入，关于地震动持时特性及其影响的研究逐渐增多。强震持续时间对结构反应的影响主要表现在结构的非线性反应阶段。从结构地震破坏的机理上分析，结构物从局部破坏（非线性开始）到完全倒塌一般是需要一个过程的，如果在局部破裂开始时结构恰恰遭遇一个很大强度的地震脉冲，那么结构的倒塌与一般静力试验中的现象类似，即倒塌取决于最大变形反应，但这种情况极少遇到（单冲击型的地震类型很少）。大多数情况是，结构从局部破坏开始到倒塌，往往要经历几次、几十次甚至几百次往复振动过程，塑性变形的不可恢复性必然耗损能量，因此，在这一振动过程中，即使结构最大变形反应没有达到静力试验条件下的最大变即倒塌，结构也可能因贮能能力的耗损达到某一限值而发生倒塌破坏。这种破坏称为积累破坏（与之相应的结构疲劳问题称为低周疲劳问题）。持时的重要意义同时存在于非线性体系的最大反应和能量损耗积累两种反应之中。

1983 年，伊利诺伊大学洪华生教授领导的研究工作明确提出用结构物的双重破坏准则作为抗震设计的依据。图 4－13 给出了这一准则的表示方法。图 4－13（a）表示结构退化型非线性恢复力曲线，图 4－13（b）表示结构极限耗能能力曲线。当 u 达到 u_0 时，认为结构达到破坏；但当 $u<u_0$，而积累的损耗能量 E 达到一定值时，结构也达到破坏。

$$E_j = N_j \Delta E_j \tag{4-24}$$

式中：ΔE_j 为 $u=u_j$ 时一次循环振动所损耗的能量；N_j 为达到 E_j 时的结构循环振动次数。

就结构破坏而言，反应指标 u 和 E 相互独立，故称为双重破坏准则。

强震持时的定义也很不统一。常见的类型有：

（1）绝对持时：根据加速度的绝对值定义，即取加速度记录图上绝对幅值、在第一次和最后一次达到或超过事先规定的值（如 $0.05g$ 或 $0.1g$）之间所经历的时间作为地震动持续时间。

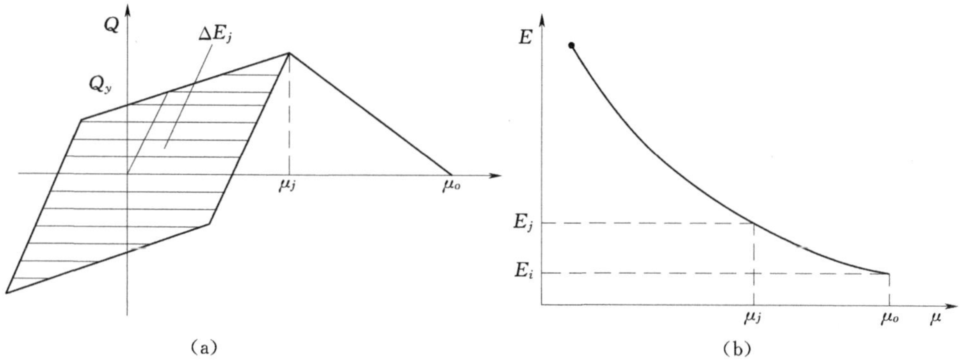

图 4-13　双重破坏准则

（2）相对持时：根据加速度的相对值定义，其中又区分为分数持时和能量持时两类。分数持时与上述绝对持时对地震动记录的处理方式相同，只是将控制幅值改用最大峰值的相对值来考虑。能量持时采用强震持续时间所占有的能量与地震动总能量之比为某一规定值的方式定义持时，如 90％能量持时即为从地震动能量达到总能量的 5％开始至达到总能量的 95％经历的时间。

本章复习思考题

（1）地震动的随机过程怎样表示？

（2）什么是地震动的特性及其三要素？

第5章　反　　应　　谱

本章内容提要

本章主要内容有单自由度体系的地震反应、反应谱特性以及设计反应谱。

地震动反应谱建立了地震动特性与结构动力反应之间的桥梁。在本质上地震动反应谱反映了地震动频谱特性，同时，它又描述了一般结构地震反应的某些基本特征。

5.1　单自由度体系的地震反应

设有一线性单自由度体系（图5-1），在基础处受到地震动加速度 $a(t)$ 的作用。根据结构动力学原理，此体系的运动平衡方程为

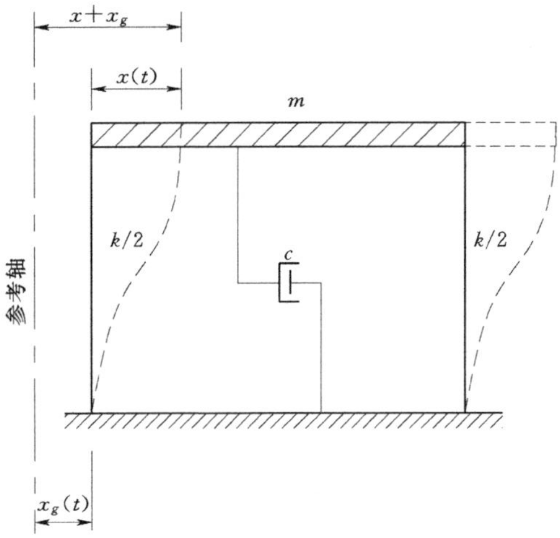

图5-1　单自由度动力体系

$$m\ddot{x}+c\dot{x}+kx=-ma(t) \quad (5-1)$$

式中：c 为黏性阻尼常数；x 为质点相对于地面的位移；$a(t)$ 为地面运动加速度。

利用阻尼比 $\zeta=c/2m\omega$ 以及圆频率 $\omega=\sqrt{k/m}$代换，即为：

$$\ddot{x}+2\zeta\omega\dot{x}+\omega^2x=-a(t) \quad (5-2)$$

设初始条件 $x(t=0)=\dot{x}(t=0)=0$，对于线性体系，上述微分方程的解可由杜哈米尔积分得出：

$$x(t)=\int_0^t a(\tau)h(t-\tau)\mathrm{d}\tau \quad (5-3)$$

式中：$h(\tau)$ 为单位脉冲函数，$h(\tau)=-\dfrac{\mathrm{e}^{-\zeta\omega t}}{\omega_d}\sin\omega_d t$，其中，$\omega_d$ 为自振圆频率，$\omega_d=\omega\sqrt{1-\zeta^2}$。

经过计算得到质点相对位移 $x(t)$，相对速度 $\dot{x}(t)$ 和绝对加速度 $\ddot{y}(t)=\ddot{x}(t)+a(t)$分别为：

$$x(t)=-\frac{1}{\omega_d}\int_0^t a(\tau)\mathrm{e}^{-\xi\omega(t-\tau)}\sin[\omega_d(t-\tau)]\mathrm{d}\tau \quad (5-4)$$

$$\dot{x}(t)=-\frac{\omega}{\omega_d}\int_0^t a(\tau)\mathrm{e}^{-\xi\omega(t-\tau)}\cos[\omega_d(t-\tau)]\mathrm{d}\tau \quad (5-5)$$

$$\ddot{y}(t)=\frac{\omega^2}{\omega_d}\int_0^t a(\tau)\mathrm{e}^{-\xi\omega(t-\tau)}\sin[\omega_d(t-\tau)+2a]\mathrm{d}\tau \quad (5-6)$$

式中：$\tan\alpha=\xi/\sqrt{1-\xi^2}$。

对于一般结构体系，阻尼比 ξ 与 1 相比是个较小的数值，例如一般钢结构 $\xi=0.02$，钢筋混凝土结构 $\xi=0.05$。所以，$\omega_d=0$，$\alpha=0$。

式（5-4）～式（5-6）表明，对于可以简化为线性单自由度体系的结构，只要知道地面运动的加速度过程 $a(t)$ 以及结构本身的频率特性 ω 和阻尼性 ξ，就可以求出结构的各种地震反应。结构反应是地震动特性与结构特性两种因素综合的体现，即结构反应同时包含了地震动和结构体系两者的特性。现在看单自由度体系地震反应向反应谱的演化。

首先，只考虑地震反应的最大值，并注意 $\omega_d=0$，$\alpha=0$ 的结果，则

$$|x(t)|_{\max}=\left|\frac{1}{\omega}\int_0^t a(\tau)e^{-\xi\omega(t-\tau)}\sin[\omega(t-\tau)]d\tau\right|_{\max} \tag{5-7}$$

$$|\dot{x}(t)|_{\max}=\left|\int_0^t a(\tau)e^{-\xi\omega(t-\tau)}\cos[\omega(t-\tau)]d\tau\right|_{\max} \tag{5-8}$$

$$|\ddot{y}(t)|_{\max}=\omega^2|x(t)|_{\max} \tag{5-9}$$

地震反应的最大值仅是结构地震反映某一时刻时的值，因此它不包含地震反应的时间信息，但是，它依然是结构特性与地震动特性两者的综合反应。其次，考虑结构的频率特性不断发生变化，即 ω 值沿坐标值不断变化，从而得到连续的不同频率下的最大值：

$$S_d(\omega,\xi)=|x(t)|_{\max} \tag{5-10}$$

$$S_v(\omega,\xi)=|\dot{x}(t)|_{\max} \tag{5-11}$$

$$S_a(\omega,\xi)=\omega^2 S_d(\omega,\xi) \tag{5-12}$$

以上各式中：$S_d(\omega,\xi)$ 为相对位移反应谱；$S_v(\omega,\xi)$ 为相对速度反应谱；$S_a(\omega,\xi)$ 为绝对加速度反应谱。

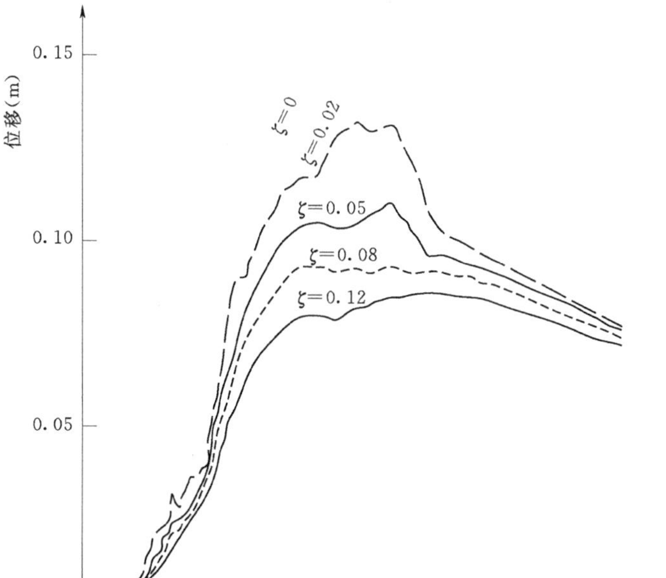

图 5-2　相对位移反应谱

图5-2～图5-4是1976年11月15日宁河地震时天津医院记录的位移、速度、加速度反应谱。任何一条反应谱曲线都是许许多多具有不同动力特性的结构对一个地震动过程的动力最大反应的结果。因此，反应谱曲线不反映具体的结构特性，而只反映地震动特性。这一特性主要是地震动的频谱特性。也就是说，地震反应谱的形状反映了地震动过程不同成分频率含量的相对关系。另一方面，由于地震反应谱是从动力特性沿频率方向“滑动”的单质点体系动力最大反应这个特殊角度来描述地震动特性的，这种描述也就建立起了地震动特性与结构动力反应的一道桥梁，通过反应谱上每一点，可以从对地震动特性的认识过渡到结构动力反应分析的道路。

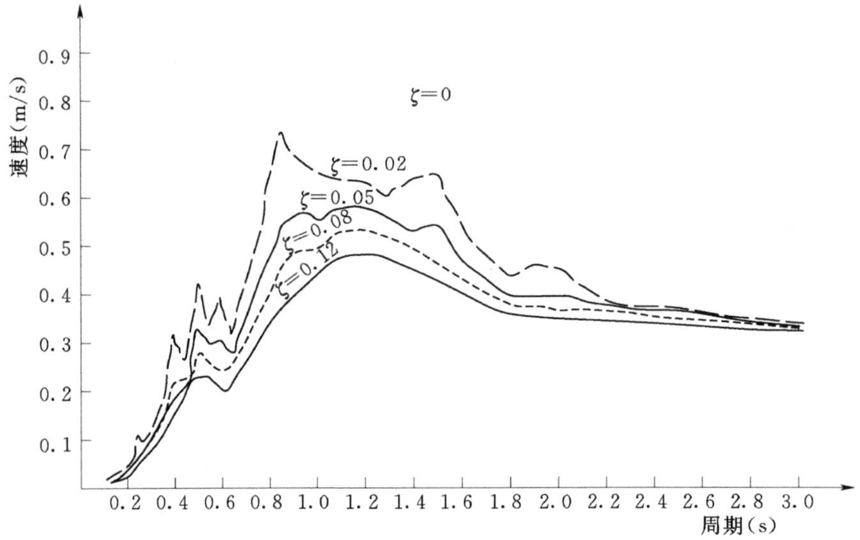

图5-3　相对速度反应谱

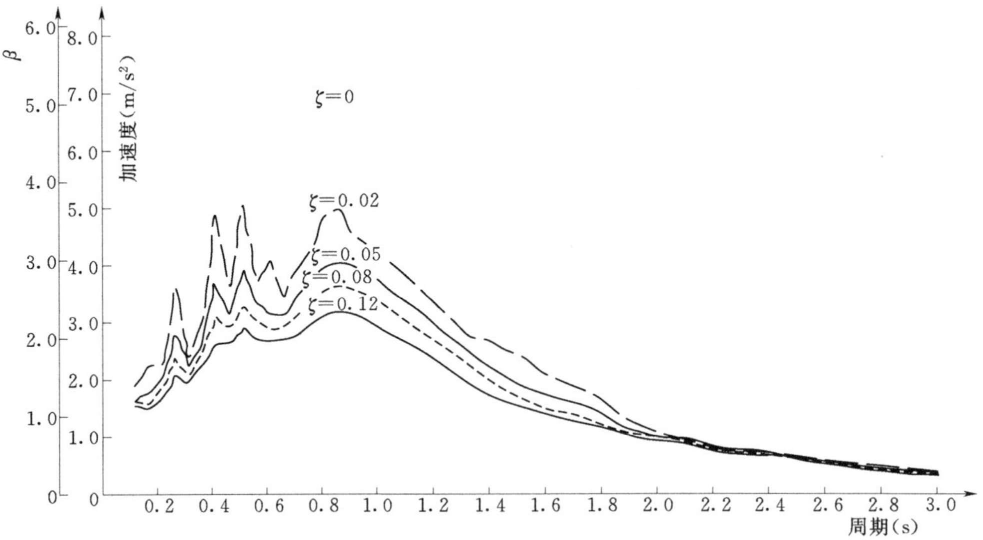

图5-4　绝对加速度反应谱

通过反应谱这一桥梁，可以认识到结构动力反应的某些特点，例如，结构对于非规则振动激励的反应特点，无论什么样的结构，在非规则地面运动激励下都不会出现“纯共振”现象。而只有“类共振”现象的产生。这一特征可通过将正规化反应谱曲线（加速度动力放大系数曲线）

$$\beta(T)=S_a(T)/a_{\max} \tag{5-13}$$

与具有谐和振动激励的单质点体系的动力放大系数曲线相对比来得到认识。由于式（5－13）的关系，因图5－4亦可看作单质点体系受不规则地震动输入时的动力放大系数曲线，图5－5则为受周期性激励的单质点体系动力放大系数曲线。现在考虑单质点体系的频率特性沿横坐标轴的滑动，并分别考虑阻尼为零时的结构反应，对于图5－4，无论单质点体系的频率特性怎样变化，结构反应都是有限值；而对于图5－5，当结构频率特性变化到与激励频率值相等时（$\beta=1$），结构反应将趋于无限值。这种对比，鲜明地反映了这样一个实质问题：在非规则波的动力反应中，不同的频率分量所造成的反应是互相制约的，从而使结构最大反应不会趋于无限值。这种解释，对于在地震工程领域里认识和应用共振原理具有重要意义。结构对地震动的各种频率成分有选择放大作用，但由于地震动的多频率成分，即使结构阻尼为零，上述选择放大作用也是有限值，不会趋于无穷。

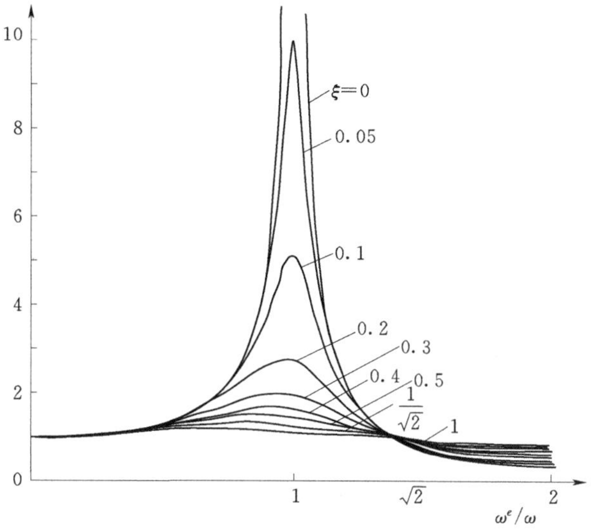

图5－5　在谐和地震激励下的结构反应

当地震动过程相当长时，式（5－7）与式（5－8）中积分括号内的$\sin[\omega(t-\tau)]$与$\cos[\omega(t-\tau)]$两因子在有多个周期时只相差一个相位$\pi/2$，当仅考虑最大值时，可以将sin与cos互相更换而差别不大。这样，注意到ω与T的等价性，则式（5－10）～式（5－12）可写为：

$$S_d(T,\xi)=\frac{1}{\omega}S_v(T,\xi) \tag{5-14}$$

$$S_v(T,\xi)=\left|\int_0^t a(\tau)e^{-\xi\omega(t-\tau)}\sin[\omega(t-\tau)]d\tau\right|_{\max} \tag{5-15}$$

$$S_a(T,\xi)=\omega S_v(T,\xi) \tag{5-16}$$

此时，$S_v(T,\xi)$称为准速度反应谱。在许多情况下，准速度反应谱是研究地震动频谱特性的主要工具。

5.2 反应谱与其他频谱的关系

常用来反映地震动频谱特性的频谱有：功率谱、反应谱和傅里叶谱。为了说明三者之间关系，先来介绍傅里叶谱，然后再分别指出三者之间的联系。

1. 傅里叶谱

傅里叶变换的基本思想是用周期函数的组合来表示非周期性的复杂函数。对于一个复杂的地震动过程 $a(t)$，可以按傅里叶级数展开为一系列具有不同频率的周期函数的组合形式：

$$a(t) = \sum_{j=1}^{N} A_j(\omega)\cos[\omega_j t + \varphi_j(\omega)] \tag{5-17}$$

式中：$A_j(\omega)$ 表示 $a(t)$ 的傅氏振幅谱；$\varphi_j(\omega)$ 表示 $a(t)$ 的傅氏相位谱，两者合称傅里叶谱。

作简单的代数变换，并利用欧拉公式 $e^{i\theta}=\cos\theta+i\sin\theta$ 和 $e^{-i\theta}=\cos\theta-i\sin\theta$。则式（5－17）可以变换为

$$a(t) = \sum_{j=-N}^{N} A(\omega_j)e^{i\omega_j t} \tag{5-18}$$

当 $N\to\infty$ 时

$$a(t) = \frac{1}{2\pi}\int_{-\infty}^{\infty} A(\omega)e^{i\omega t}d\omega \tag{5-19a}$$

$$A(\omega) = \int_{-\infty}^{\infty} a(t)e^{-i\omega t}dt \tag{5-19b}$$

式（5－19）表明，时域中的 $a(t)$ 与频域中的 $A(\omega)$ 是完全等价的，它们共同构成了一个傅里叶变换对。对式（5－19）作如下等价变换：

$$\begin{aligned} a(t) &= \frac{1}{2\pi}\int_{-\infty}^{\infty}\left[\int_{-\infty}^{\infty} a(\tau)e^{-i\omega\tau}d\tau\right]e^{i\omega t}d\omega \\ &= \frac{1}{2\pi}\int_{-\infty}^{\infty}\left[\int_{-\infty}^{\infty} a(\tau)e^{i\omega(t-\tau)}d\tau\right]d\omega \\ &= \frac{1}{2\pi}\int_{-\infty}^{\infty}\left[\int_{-\infty}^{\infty} a(\tau)\cos(t-\tau)d\tau\right]d\omega \end{aligned}$$

并设

$$G(\omega) = \int_{-\infty}^{\infty} a(\tau)\cos(t-\tau)d\tau \tag{5-20a}$$

则

$$a(t) = \frac{1}{2\pi}\int_{-\infty}^{\infty} G(\omega)d\omega \tag{5-20b}$$

称式（5－20）为 $a(t)$ 的傅里叶余弦变换。它与式（5－19）所做的变换是等价的，只是此处是在实数内交换，而式（5－19）是在复数域内变换。$G(\omega)$ 为傅里叶谱的等价形式，由前述等价关系知：

$$G(\omega)=A(\omega)e^{i\omega t} \tag{5-21}$$

注意到 $a(t)$ 的有限时间特性，傅里叶幅值谱

$$|G(\omega)| = \left|\int_0^T a(\tau)\cos(t-\tau)d\tau\right| \tag{5-22}$$

傅里叶相位谱可通过（5－20a）稍作变换得出，由该式

$$G(\omega)=\int_{-\infty}^{\infty}a(\tau)[\cos\omega t\cos\omega\tau-\sin\omega t\sin\omega\tau]\mathrm{d}\tau$$

$$=\cos\omega t\int_{-\infty}^{\infty}a(\tau)\cos\omega\tau\mathrm{d}\tau-\sin\omega t\int_{-\infty}^{\infty}a(\tau)\sin\omega\tau\mathrm{d}\tau \qquad (5-23)$$

设：

$$\int_{-\infty}^{\infty}a(\tau)\cos\omega\tau\mathrm{d}\tau=|A(\omega)|\cos\varphi$$

$$\int_{-\infty}^{\infty}a(\tau)\sin\omega\tau\mathrm{d}\tau=|A(\omega)|\sin\varphi$$

则有：

$$G(\omega)=|A(\omega)|\cos(\omega t-\varphi) \qquad (5-24)$$

而

$$\varphi(\varphi)=\arctan\frac{\int_0^T a(\tau)\sin\omega\tau\mathrm{d}\tau}{\int_0^T a(\tau)\cos\omega\tau\mathrm{d}\tau} \qquad (5-25)$$

可以看到，如果说傅氏谱 $A(\omega)$ 表示的频谱特征还有些抽象的话，那么傅里叶幅值谱 $|G(\omega)|$ 与傅里叶相位谱 $\varphi(\omega)$ 便从两个不同角度全面地描述了一个地震动过程的频率特征和反应谱、功率谱的不同，傅氏谱对地震过程的表示包括了各频率分量的相位分布信息。因此，从傅氏谱可以反演到地震动过程，而功率谱与反应谱则不具备这种可能性。

注意振幅 $|G(\omega)|$ 与 $|A(\omega)|$ 是等价的，事实上，由于 $|e^{i\omega t}|=1$ 及式（5-21）可有

$$|G(\omega)|=|A(\omega)| \qquad (5-26)$$

2. 三种频谱之间的联系

从前述分解中知道，傅氏谱含有相位信息，反应谱与功率谱则不含有这种信息。因此，当把前者与后两者进行比较时，只能使用傅氏幅值谱。

首先傅氏幅值谱与反应谱关系。为此，考察无阻尼的相对速度反应谱。由式（5-8）和式（5-11）有：

$$S_v(\omega,0)=\left|\int_0^t a(\tau)\cos(t-\tau)\mathrm{d}\tau\right|_{\max} \qquad (5-27)$$

对比式（5-27）与式（5-22），可见两者差别仅在于傅里叶幅值谱是相时速度反应在地震动终止时（$t=T$）的值，而无阻尼相对速度反应谱为整个反应过程中相对速度反应的最大值。因此，一般意义上的傅氏幅值谱 $|G(\omega)|$ 必然小于、至多等于相对速度反应谱，即：

$$S_v(\omega,0)\geqslant G(\omega) \qquad (5-28)$$

当系统的最大速度反应发生在记录末尾时，无阻尼相对速度反应谱与地面加速度的傅氏振幅谱相同，否则，两者大体相同。

在本质上，功率谱密度函数反映的是随机函数的特征，因此，功率谱密度与傅里叶幅值谱之间的联系只能是后者的期望值与前者的联系。$a(t)$ 的方差函数为

$$
\begin{aligned}
D[a(t)] &= \frac{1}{T}E[V_x] \\
&= \frac{1}{T}E\left[\int_0^T a^2(t)\mathrm{d}t\right] \\
&= \frac{1}{T}E\left\{\int_0^T a(t)\left[\frac{1}{2\pi}\int_{-\infty}^{\infty} A(\omega)\mathrm{e}^{i\omega t}\mathrm{d}\omega\right]\mathrm{d}t\right\} \\
&= \frac{1}{T}E\left\{\frac{1}{2\pi}\int_{-\infty}^{\infty}\left[\int_0^T a(t)\mathrm{e}^{i\omega t}\mathrm{d}t\right]A(\omega)\mathrm{d}\omega\right\} \\
&= \frac{1}{T}E\left[\frac{1}{2\pi}\int_{-\infty}^{\infty} A^2(\omega)\mathrm{d}\omega\right] \\
&= \frac{1}{2\pi T}\int_{-\infty}^{\infty} E[A^2(\omega)]\mathrm{d}\omega
\end{aligned}
$$

另一方面

$$
D[a(t)] = R_a(0) = \frac{1}{2\pi}\int_{-\infty}^{\infty} S_a(\omega)\mathrm{d}\omega
$$

对比上述两式，并注意到式(5-26)的关系，则有

$$
S_a(\omega) = \frac{1}{T}E[|G(\omega)|^2] \tag{5-29}
$$

这种关系表明，地震动过程的功率谱，等于一簇样本函数的傅里叶幅值谱的平方的平均值。对于各形态历经过程，可以用时域平均代替集合平均。

同样的，反应谱与功率谱之间的联系也考虑反应谱的概率含义。从随机的观点看，反应谱所表示的反应 y 的最大值 y_{max} 必须与其出现或超过的概率 P 相联系才有意义。因此，反应谱有由样本函数确立的反应谱和由一簇样本函数确立的概率反应谱的概念区别。前者是确定的，后者是随概率值的取值标准而定的。

5.3　反应谱的特性

反应谱是从地震动特性过渡到结构动力反应的桥梁，因此，反应谱的形状特征反映了不同类型结构动力最大反应的特点。图 5-5 结构最大反应趋势值，可以从大的基本类别上考察各类结构系统的动力反应特点。

(1) 对于低频系统（0.1Hz 以下），最大位移反应趋近于地面最大位移。其原因在于，一个低频系统相当于具有很大质量和很柔的弹簧的系统，当地面很快移动时，质量跟不上地面的移动，因此弹簧的变形近似等于地面最大位移。

(2) 对于高频系统（10Hz 以上），最大加速度反应趋近于地面最大加速度。这是因为高频系统相当于大刚度小质量的系统，地面运动时，刚度很大的弹簧系统迫使系统质点与地面作相同的运动，弹簧中的力相当于使质量具有与地面相同的加速度所需的力，而质量所获得的加速度近似与地面相同。

(3) 对于中频系统（0.1～10Hz），不论阻尼大小如何，最大反应均比地面运动大，即存在动力放大效应。一般是位移放大系数小于速度放大系数，速度放大系数又小于加速度放大系数。

(4) 反应谱的高频段主要取决于地震动最大加速度 $a(t)$，中频段决定于地震动最大速度 $v(t)$，低频段决定于地震动最大位移 $d(t)$。根据这种特性，纽马克和罗森布卢恩(Newmark and Rosenblueth)提出了一种估计反应谱的方法，如图 5-6 所示。该法首先根据场地的地震环境和局部场地条件确定地震动的 $a(t)$，$v(t)$ 和 $d(t)$ 的最大值，如图中最低的三条虚线；然后根据阻尼比 ξ 的大小，从表 5-1 确定各部分的放大系数，用这些系数分别去乘 $a(t)$，$v(t)$ 和 $d(t)$，得到单自由度系统的最大加速度 A、速度 V 和位移 D，并把它们绘于图 5-6 中，即得图中上部的三条虚线。

表 5-1　弹性反应谱的放大倍数

阻尼比(%)	谱	1979 年		1973 年	
		均值	变异系数	均值	变异系数
2	位移	1.69	0.49	1.68	0.49
	速度	2.03	0.42	2.06	0.45
	加速度	3.08	0.24	2.76	0.32
5	位移	1.47	0.43	1.40	0.46
	速度	1.55	0.39	1.66	0.40
	加速度	2.28	0.22	2.11	0.23
10	位移	1.23	0.39	1.15	0.41
	速度	1.20	0.36	1.34	0.35
	加速度	1.78	0.18	1.65	0.22

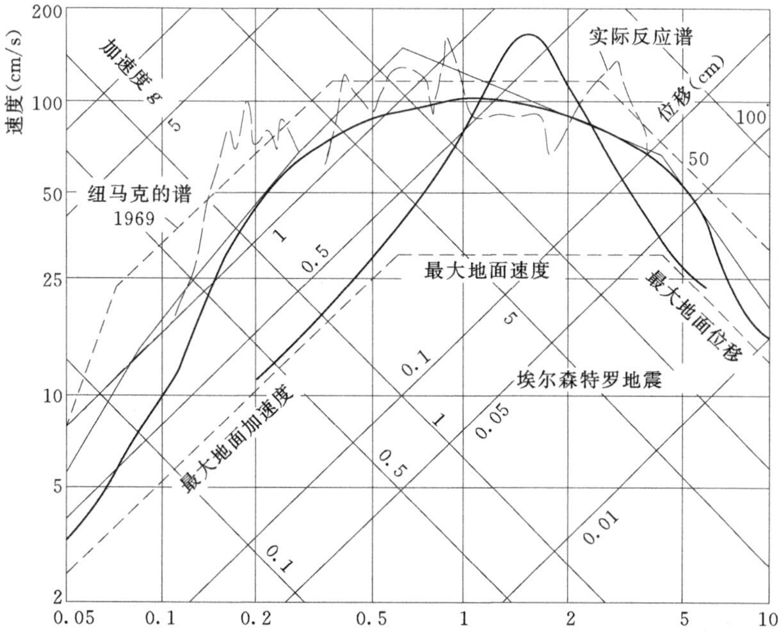

图 5-6　不同震级与距离的反应谱

总之，反应谱一般是由中部放大区和两边的反应极限区构成的。对于低频系统，结构反应的谱位移近似等于地而最大位移。对于高频系统，结构反应的谱加速度近似等于地面谱加速度。不论什么类型的反应谱，都具有上述一般特点。但这并不是说地面运动的频谱组成也是以中频部分最为丰富。事实上，由于震级、震源距、场地条件和震源机制的影响，不同地震反应谱的卓越周期有很大不同，图 5－7 即为唐山及余震的几次记录的反应谱，它们鲜明地反映了这一特征。

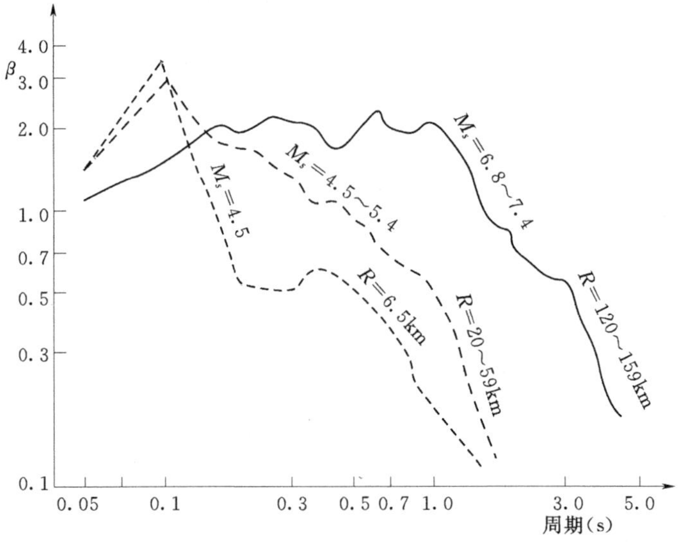

图 5－7　不同震级与距离的反应谱

如图 5－7 与图 5－8 这样形式的反应谱属于相对值反应谱。相对值反应谱是绝对值反

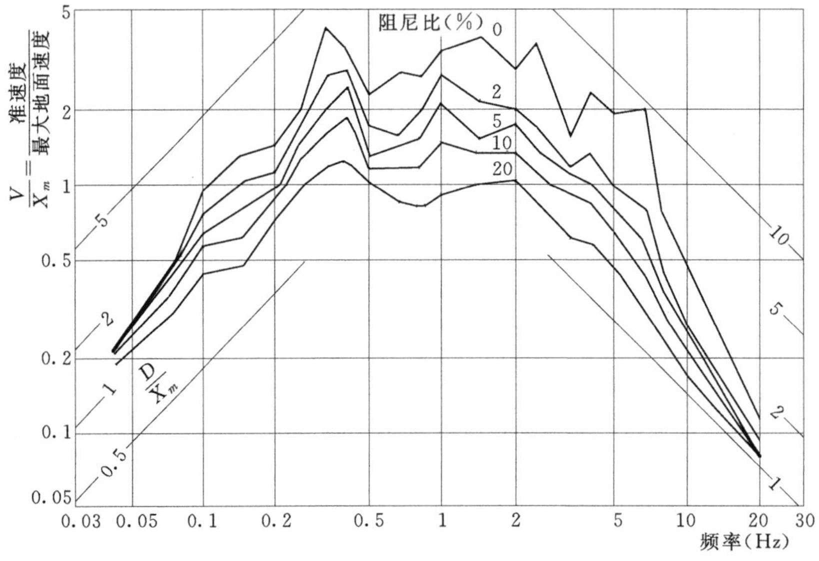

图 5－8　结构最大反应趋势

应谱除以地面运动最大加速度（或最大位移、最大速度）得到的。前述分析知：反应谱的高频段主要决定于地震动最大加速度。中频段决定于地震动最大速度，低频段决定于地震动最大位移。因此，绝对值反应谱不仅反映了频谱要素，而且反映了与频谱独立的地面运动频谱特性。但是，相对值反应谱则只反映了地震动的频谱特征。抗震规范采用的反应谱一般是相对值反应谱，因此，还要给出加速度指标，才能用于计算地震力的大小。

5.4 设计反应谱

影响地震动的因素复杂多变，因此，由不同地震记录给出的地震动反应谱往往表现得相当离散。从工程设计的角度，人们希望得到具有一定安全程度的地震力规定，抗震设计反应谱便基于这种需要而产生。一种简单而自然的做法是将不同地震动记录的反应谱曲线加以统计平均（均值反应谱），在此基础上，再利用数学上的平滑拟合，基于安全或经济因素的修正，便形成了设计反应谱。设计反应谱并不是某个特定地震的地面运动的描述，而是基于对大量地震动表现的综合认识所做出的对结构地震力的一种规定。从设计反应谱是对结构地震力的规定这一角度，进行了一系列反应谱的研究，从而形成了一系列具有特定含义的设计反应谱；在研究与应用中，应该区分这些设计谱与地震反应谱之间的概念差异。地震反应谱主要反映了地震功的频谱特性，设计反应谱则是对结构设计地震力的一种规定，两者都统一在反应谱是单质点体系地震最大反应关于结构周期的变化曲线这一普遍定义上来。

本章复习思考题

（1）什么是地震动的反应谱？

（2）各种频谱之间的关系是什么？

（3）反应谱的特性是什么？

（4）什么是设计反应谱？

第6章 结构地震反应分析

本章内容提要

本章主要内容有结构的响应、结构与地基的相互作用和结构与水体的相互作用。

6.1 概述

结构地震响应取决于地震动特性和结构特性，特别是结构的动力特性。结构地震响应分析的水平也是随着人们对这两方面认识的逐步深入而提高的。近几十年来，人们对地震动的谱成分和各类结构的动力特性有了深入认识。因此，结构的分析也随之有了相应的进展。结构地震响应分析的进展经历了静力法、反应谱法和动力法三个阶段。对强震地区结构进行抗震计算已有近百年历史。日本的大森房吉教授在21世纪初提出的计算方法，假定地震时结构振动加速度与地面振动加速度完全一样，地震引起的惯性力就可以当作静力作用于结构，然后按静力学方法计算结构的响应。因为这种方法把结构当成绝对刚性，没有考虑结构的动力特性，所以通常称它为静力法。

日本学者早在1920年左右就研究过结构物在简谐地震荷载作用下的响应，由于对地震动的特性缺乏了解，所以虽然有很多进展，但仍未能使结构地震响应分析脱离静力法阶段。这种现象一直延续到20世纪40年代，比奥特、豪斯纳等人在取得了强地震记录后，才提出了反应谱这一概念。反应谱法考虑了结构动力特性与地震动特性之间的动力关系，又保持了静力法的形式。

随着电子计算机的大量普及而兴起的结构动力响应数值分析以及强震观测记录和震害经验的积累，人们逐步认识到像反应谱那样的等效静力法，并不足以保证结构物的抗震安全，考虑地震动全过程进行真正的结构响应动力分析，是非常必要的。现在，国内外都有了比较成熟的计算机程序，广泛应用于高层建筑、大坝、厂房等重要结构物的地震响应分析。

结构与周围介质的动力相互作用问题愈来愈受到重视。1976年，唐山地震时，天津市某地段A区的震害较其邻近的B区几乎重一倍。造成这种震害差别的主要原因是地基上部土层对地面运动和结构地基系统动力特性的影响。建造在软土地基、岩石地基和桩土混合地基上的结构，由于结构的材料特性和几何尺寸与地基不同，地基的性质对结构的地震响应有重要影响。规范中使用的按场地划分的反应谱曲线是大量地震记录引起结构响应的平均值。实际上，由于目前划分的同一类场地土的构成千差万别，即使在同一次地震下，它们的响应也将有较大的不同。又如挡水坝、深水码头和海上平台等结构，它们的动力特性与水体的弹性和质量紧密相关。所以，研究结构与周围介质的动力相互作用，对于安全而经济地进行结构设计具有重要意义。

6.2 刚性地基上结构的响应

6.2.1 静力法

静力法假设结构各部分水平加速度与地面运动水平加速度完全一样。因此，若以 W 表示结构某一部分的重量，则由于地震作用使这一部分重量产生的最大惯性力的绝对值为：

$$f_{l\max}=\frac{W}{g}|\ddot{y}_{g\max}|=KW \tag{6-1}$$

式中：$\ddot{y}_{g\max}$为地震时地面的最大水平加速度；g 为重力加速度；$K=\ddot{y}_{g\max}/g$ 称为地震系数。

这一公式的物理意义是：结构是绝对刚体，其最大加速度就等于地震动最大加速度。

由地震作用引起的惯性力，可以当做静力作用于结构，然后按静力学方法计算结构的响应。式（6－1）表示的惯性力通常称为地震荷载。日本地震学家大森房吉教授所做的大量砖柱振动试验结果表明：实际产生的惯性力为按式（6－1）计算的 0.2～1.6 倍。虽然离散性很大，但其平均值与上式计算结果还是大致符合的。

用这样的公式来计算“地震荷载”的方法对于刚性结构是适用的。但对于柔性结构，如烟囱、多层刚架、高桥墩、工业与民用建筑物以及高而薄的挡水坝等，就会产生较大的误差。因为该法将结构当做绝对刚性体，忽略了结构弹性性质和动力性能，所以称它为静力理论。按照式（6－1）计算结构所受的地震荷载非常简单，直到现在仍是一些国家抗震设计规范推荐使用的方法。对于烟囱、大坝这一类高耸结构，地震时大都是在中上部破坏。而根据式（6－1）算出的地震力则破坏于底部。可见，按式（6－1）对高耸结构计算存在着严重的缺点。在我国的《水工建筑物抗震设计规范》（SDJ 10—78）（试行）中，对顺河流向地震作用时水闸闸墩地震荷载的计算，建议地震系数沿高度线性变化，闸墩顶部的地震系数为底部的两倍。考虑地震系数沿结构高度的分布虽然对高的结构上部的地震荷载值有所增加，但仍不能反映地震时高耸结构上部的破坏现象。因此，我国《水工建筑物抗震设计规范》规定：对于高度超过 150m 的坝应进行动力分析。

6.2.2 反应谱法

根据 5.4 节的内容，具体分析反应谱的应用。

若以 $f_{l\max}$表示惯性力的最大绝对值，即所谓地震荷载，则：

$$f_{l\max}=mS_a(\xi,T) \tag{6-2}$$

式（6－2）表明，对于给定的单自由度系统，在确定的某一次地震作用下，可以根据该次地震加速度反应谱求出相应的地震荷载。图 6－1（a）给出我国四川省松潘地区 7.2 级地震的地面加速度记录。图 6－1（b）给出其加速度反应谱，其中两条谱曲线是根据阻尼比 $\xi=0.05$ 和 $\xi=0.10$ 两种情况计算的。从这两条曲线可以看出，当结构的自振周期 $T<0.5$s时，加速度响应较大，而自振周期 T 增大时，加速度响应降低。另外，随着阻尼

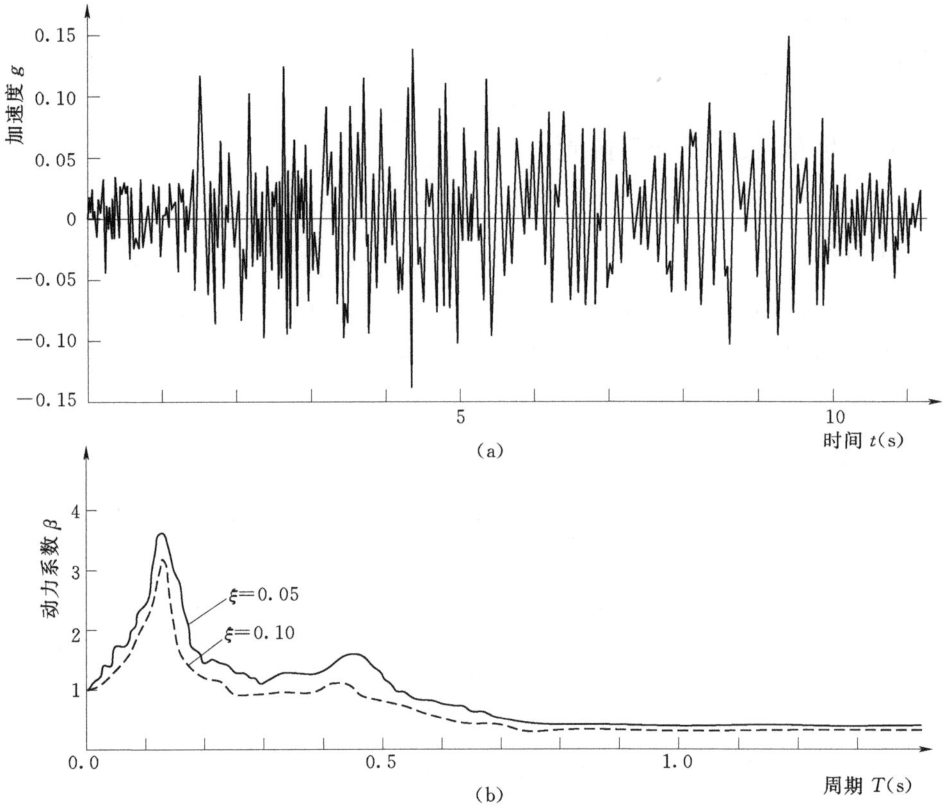

图 6-1　1976 年 8 月 16 日四川省松潘地震地面加速度时程线和加速度反应谱

(a) 地面加速度时程线（普通地基）；(b) 松潘地震加速度反应谱

增大，加速度响应减小。对于不同的地震，由于地面运动加速度 $\ddot{y}_g(t)$ 不同，其加速度反应谱也就不同。因此，即使同一地点经历两次地震，也不能简单地把第一次的地震反应谱用于第二次。为了找出它们共同的性质，以便根据某些地震资料来推算另一次地震时结构的响应。可以认为：两次不同的地震，其加速度反应谱不同，主要是因为两次地震烈度不同，而地震烈度的大小则由地面最大加速度 $|\ddot{y}_g|_{max}$ 的大小来确定。即认为：不同的地震其主要差别是 $|\ddot{y}_g|_{max}$ 不同，其他因素将是相近的。为此，把地震荷载表达式改写成为：

$$f_{I\max}=mS_a(\xi,T)=mg\,\frac{|\ddot{y}_g|_{max}}{g}\frac{S_a(\xi,T)}{|\ddot{y}_g|_{max}}=W\,\frac{|\ddot{y}_g|_{max}}{g}\frac{S_a(\xi,T)}{|\ddot{y}_g|_{max}}$$

$$=WK\beta \tag{6-3}$$

式中：W 为结构自重；K 为地震系数，与地震烈度有关，可以从过去发生过某些地震震害的严重程度，确定该次地震烈度，再从该次地震记录查出地面最大加速度 $|\ddot{y}_g|_{max}$，从而定出该次地震烈度所对应的地震系数 K。

我国抗震设计规范根据过去地震资料确定。地震烈度Ⅶ度地区 $K=0.1$；地震烈度Ⅷ度地区 $K=0.2$；地震烈度Ⅸ度地区 $K=0.4$。

$\beta(\xi,T)=\dfrac{S_a(\xi,T)}{|\ddot{y}_g|_{max}}$ 为结构的最大加速度响应和地震时地面最大加速度的比值，表示结构最大加速度是地面最大加速度的倍数，称为动力放大系数。

和作加速度反应谱一样，给定阻尼比 ξ，就可以做出 β—T 关系曲线，此曲线称为动力系数反应谱，也可以称为正规化加速度反应谱，我国常称为反应谱。由于不同的地震地面运动对应的加速度反应谱曲线相差较大，而不同的地震地面运动做出的动力系数反应谱比较一致。因此，可将许多次地震得出的动力系数反应谱曲线取其平均值作为代表，并认为这条平均的动力系数反应谱适用于所有各次地震。这种用于抗震设计的平均动力系数反应谱也称为设计反应谱。我国《水工建筑物抗震设计规范》（SDJ 10—78）中的设计反应谱曲线见图 6－2。从图 6－2 看出：当自振周期较小时曲线急剧上升，当 T 达到 0.1s 时，动力系数达到最大值 β_{max}。β_{max} 对拱坝取 2.5，对重力坝取 2.0，对岩基、一般土基和软弱土基上的土坝与堆石坝，分别取 1.6、1.3 和 1.22。当 T 大于 T_0 后，曲线单调下降。当 T 大于某一数 T_1 后，由于动力系数过小，为安全计，用一条水平线代替曲线，动力系数值取为 β_{max} 的 1/5。有了平均的动力系数反应谱曲线，设计时可根据结构的自振周期查出对应的动力系数，代入式（6－2）确定地震荷载。

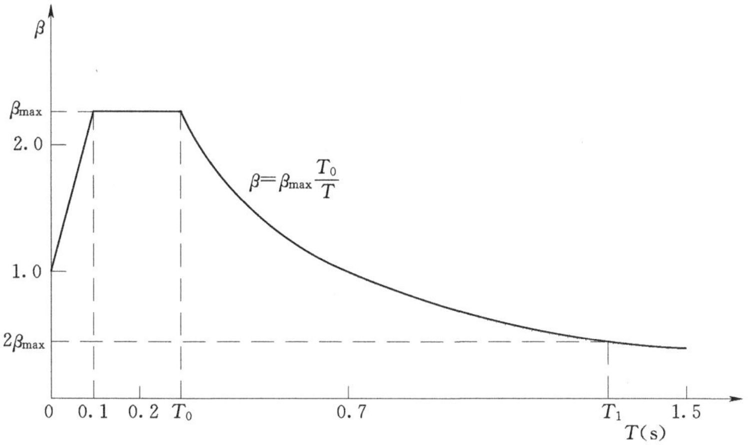

图 6－2　设计反应谱

考虑到实际结构的自振周期 T 很难计算精确，在 T 小于 T_m 部分动力系数反应谱曲线很陡，若 T 稍有误差，对动力系数数值影响较大，加之现有强震加速度仪大多在极高频处严重失真，为了安全起见，工程上常将 $T=0$s 到 $T=0.1$s 这一段的动力系数取为常数 β_{max}。进一步研究表明，地基土质条件好坏对结构抗震性能的影响较大。对于坚硬地基（如稳定的岩层，包括微风化和中等风化的岩基）上结构受地震作用的动力系数反应谱曲线和普通地基（如一般非岩性地基、黏性土等）上结构的动力系数反应谱曲线相比，其下降段向左移。这就是说，坚硬地基的动力系数比普通地基要小一些。反之，对于软弱地基（如饱含松沙、淤泥和冲填土等）上结构在地震作用下的动力系数反应谱曲线的下降阶段，就要比普通地基的曲线向右移，也就是说软弱地基的动力系数要大一些。考虑到这个因素，通常对不同地基给出不同的动力系数反应谱曲线，以供设计使用。对岩石、一般非岩性地基和软弱地基，T_0 分别取 0.1s、0.3s、0.7s。

上述平均动力系数反应谱是在阻尼比 $\xi=0.05$ 时做出的。若结构系统的阻尼比 $\xi\neq 0.05$，根据进一步研究，阻尼比对动力系数 $\beta(\xi,T)$ 的影响可用下式表示：

$$\left.\begin{aligned}&\beta(\xi,T)=\beta(\xi=0.05,T)\lambda(\xi,T)\\&\lambda(\xi,T)=\sqrt[-3]{16.6\xi+0.16}\left(\frac{0.8}{T}\right)^{\alpha}\\&\alpha(\xi)=\frac{0.05-\xi}{0.156+3.38\xi}\end{aligned}\right\}\tag{6-4}$$

在实际的结构抗震计算中，为了弥合理论与客观实际的差距，在地震荷载计算公式（6-4）中乘以一个系数 C，C 称为综合影响系数，既能反映结构弹塑性带来的抗震潜力和结构对地面运动的抑制，也包括施工质量和运行条件等因素。C 值一般取 1/4～1/3，重要结构取 1/2～2/3。这样，地震荷载计算公式可改为：

$$f_{l\max}=CWK\beta\tag{6-5}$$

6.3 多支座不同干扰时结构的响应

在进行结构地震响应分析时，假设结构基础各处作用相同的运动，这相当于将地基视为刚体。如果结构基础尺寸远小于地基的地震波长时，这种假定尚可接受。然而，若地震波的传播速度为 1800m/s，则一个频率为 3Hz 的波，其波长为 600m。这对于一座 500m 的桥梁或坝体来说，沿其长度方向将承受不同的地面运动。计算结果表明，这种地面不同点的相对运动对动力响应有重大影响。因此，需要考虑地震行进波的影响，研究不同支承点上分别作用不同地震输入的分析方法。当结构有若干个支承点，并且每一个支承点作用着不同的地面运动时，结构的总响应可以由各个支承点单独作用所引起的响应叠加求得。在这种情况下，每次计算只能移动一个支承点，而其他支承点固定不动。结构（包括支承点）的运动方程可表示为如下形式：

$$[M]\{\ddot{y}^t\}+[C]\{\dot{y}^t\}+[K]\{y^t\}=\{P\}\tag{6-6}$$

式中：$\{\ddot{y}^t\}$、$\{\dot{y}^t\}$和$\{y^t\}$为总自由度（包括支承点）的绝对位移、速度和加速度向量。

当允许单个支座产生运动 y_g 时，将总自由度$\{y^t\}$中的可动自由度和其他自由度分块，即：

$$\begin{bmatrix}[m] & \{m_g\}\\ \{m_g\}^{\mathrm T} & m_{gg}\end{bmatrix}\begin{Bmatrix}\{\ddot{y}_a\}\\ \ddot{y}_g\end{Bmatrix}+\begin{bmatrix}[c] & \{c_g\}\\ \{c_g\}^{\mathrm T} & c_{gg}\end{bmatrix}\begin{Bmatrix}\{\dot{y}_a\}\\ \dot{y}_g\end{Bmatrix}+\begin{bmatrix}[k] & \{k_g\}\\ \{k_g\}^{\mathrm T} & k_{gg}\end{bmatrix}\begin{Bmatrix}\{y_a\}\\ y_g\end{Bmatrix}=\begin{Bmatrix}\{0\}\\ P_b\end{Bmatrix}\tag{6-7}$$

式中：m_{gg}、c_{gg}、k_{gg} 为可动自由度 y_g 对应的质量系数、阻尼系数和劲度系数；$[m]$、$[c]$、$[k]$ 均为非可动自由度 y_a 对应的质量矩阵、阻尼矩阵和劲度矩阵；$\{m_g\}$、$\{c_g\}$、$\{k_g\}$分别为惯性、阻尼和弹性耦合向量，表示支座运动在其他自由度中所产生的力。

展开式（6-7），取第一式得：

$$\begin{aligned}&[m]\{\ddot{y}_a\}+[m_g]\ddot{y}_g+[c]\{\dot{y}_a\}+[c_g]\dot{y}_g\\&+[k]\{y_a\}+[k_g]y_g=0\end{aligned}\tag{6-8}$$

将式（6-8）中有效地震力移到方程右边，得到用绝对位移表示的运动方程：

$$[m]\{\ddot{y}_a\}+[c]\{\ddot{y}_a\}+[k]\{y_a\}=-[m_g]\ddot{y}_g-[c_g]\dot{y}_g-[k_g]y_g\tag{6-9}$$

为了简化计算，可将结构的绝对位移$\{y_a\}$分解为准静力位移$\{y^s\}$和动力位移$\{y\}$，即：

$$\{y_a\}=\{y^s\}+\{y\} \tag{6-10}$$

准静力位移$\{y^s\}$可以在式（6-9）中令有关的动力项为零后求得：

$$[k]\{y^s\}=-[k_g]y_g \tag{6-11}$$

从式（6-11）解出准静力位移：

$$\{y^s\}=\{r\}y_g \tag{6-12}$$

其中

$$\{r\}=-[k]^{-1}\{k_g\} \tag{6-13}$$

最后，将式（6-10）和式（6-11）代入式（6-13），并计及式（6-13），导出用动力位移$\{y\}$表示的运动方程：

$$[m]\{\ddot{y}\}+[c]\{\dot{y}\}+[k]\{y\}=-([m]\{r\}+\{m_g\})\ddot{y}_g-([c]\{r\}+[c_g])\dot{y}_g \tag{6-14}$$

如果阻尼矩阵$[c]$与劲度短阵$[k]$成正比，则式（6.14）中与速度$\dot{y}_g$有关的有效地震力将为零。另一方面，由于阻尼对有效地震力的影响很小，因此往往不考虑它的影响。这样式（6-14）可以写为：

$$[m]\{\ddot{y}\}+[c]\{\dot{y}\}+[k]\{y\}=-([m]\{r\}+\{m_g\})\ddot{y}_g \tag{6-15}$$

对于多支座干扰时结构的响应，可以分别计算每个支座输入分量的响应叠加而成。实际上，只要在式（6-9）～式（6-15）中，用多支座的干扰向量$\{y_g\}$代替y_g，用准静力影响系数矩阵$[r]$代替$\{r\}$，用耦合矩阵$[m_g]$和$[c_g]$分别代替$\{m_g\}$和$\{c_g\}$，就可以得到求解多支座不同干扰时结构的运动方程。

若不考虑阻尼对有效地震力的影响，根据式（6-15），对每一支承点运动所产生的结构应进行分析，可采用与刚性地基盖上结构响应分析完全相同的方法。用振型叠加法求解方程式（6-15）时，振型向量$\{\phi\}_i$为支承点固定时结构的自由振动形状；对每一振型和每一支承点运动分量计算出一个振型参与系数η_i；每一准静力影响系数向量$\{r\}$是由一个支承点产生单位移动而其他支座固定时所引起的结构的位移。每个支座干扰$\ddot{y}_g$所引起的每个振型的动力位移可用杜哈姆识分表示。而绝对位移响应可以由准静力位移和动力位移相加得到，即：

$$\{y_a\}=\{y^s\}+\{y\}=\{y\}+\{r\}y_g \tag{6-16}$$

多支座干扰每个分量输入的动力响应分析类似于刚性地基上结构地震响应分析。这时，结构弹性力和惯性力的分析也类似于刚性地基情况。从式（6-7）可以看出，系统的总弹性力可以表示为：

$$\{f_s\}=[k]\{y_a\}+\{k_g\}y_g \tag{6-17}$$

将绝对位移$\{y_a\}$用准静力位移和动力位移表示，上式变为：

$$\{f_s\}=[k]\{y\}+([k]\{r\}+\{k_g\})y_g \tag{6-18}$$

根据式（6-13）得：

$$[k]\{r\}+\{k_g\}=0 \tag{6-19}$$

将式（6-19）代入式（6-18）得：

$$\{f_s\}=[k]\{y\} \tag{6-20}$$

所以，结构的弹性力只依赖于结构的动力位移$\{y\}$，而与准静力位移$\{y^s\}$无关。但是，这种情况下的支座力$\{f_g\}$不能直接从弹性力$\{f_s\}$或从动力位移$\{y\}$求出，支座力还依赖于相对支座位移。从式（6－7）可以得到一个支座运动时，该支座力的表达式为：

$$f_g=\{k_g\}^{\mathrm{T}}\{y_a\}+k_{gg}y_g \tag{6-21}$$

对于每一支座点作用不同的地面运动时，支座力向量可以表示为：

$$\{f_g\}=\{k_g\}^{\mathrm{T}}\{y_a\}+[k_{gg}]\{y_g\} \tag{6-22}$$

式中：$\{k_g\}^{\mathrm{T}}$ 为结构自由度产生单位位移所引起的各支座反力；$[k_{gg}]$为支承点发生单位位移所引起的各支座反力。

利用式（6－16），式（6－22）可表示为：

$$\{f_g\}=\{k_g\}^{\mathrm{T}}\{y\}+([k_{gg}]-[k_g]^{\mathrm{T}}[k]^{-1}[k_g])\{y_g\} \tag{6-23}$$

上式右端第一项为动力位移引起的支座力，而第二项为准静力位移引起支的座力。系统的弹性力$\{f_s\}$和支座力$\{f_g\}$后，就可以用一般静力学方法求得结构的内力。

6.4　结构与地基的动力相互作用

结构与地基动力相互作用的分析方法很多，在理论上主要采用离散理论和连续理论两种。在离散理论中，应用最广泛最有效的是有限单元法。有限单元法的特点是要解算大量的线性代数方程组。由于地基离散后的自由度数目太大，这种计算往往是不经济的。弹性半空间理论是连续理论的主要代表，它以弹性半空间表面作用的简谐力和位移的解析关系为基础，给出考虑结构—地基相互作用的一种简化计算方法，称为集中参数法。此法假设结构的基础底面是刚性平面，把地基用等效弹簧和阻尼系统来代替。这里的等效弹簧和阻尼与一般理解的不同，它们都是振动频率的复杂函数。

6.4.1　集中参数法

假设地基是半无限弹性体，而基础是置于地基上的刚性压块（图 6－3）。重要的问题是建立基础在动荷载作用下的运动方程式。为此，必须先研究地基在振动荷载作用下的位移，最后得出考虑结构—地基相互作用的一种简化计算方法——集中参数法。

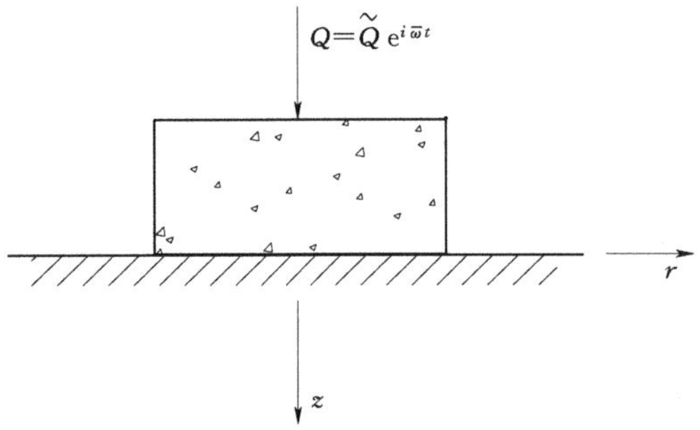

图 6－3　弹性半空间上刚性压块

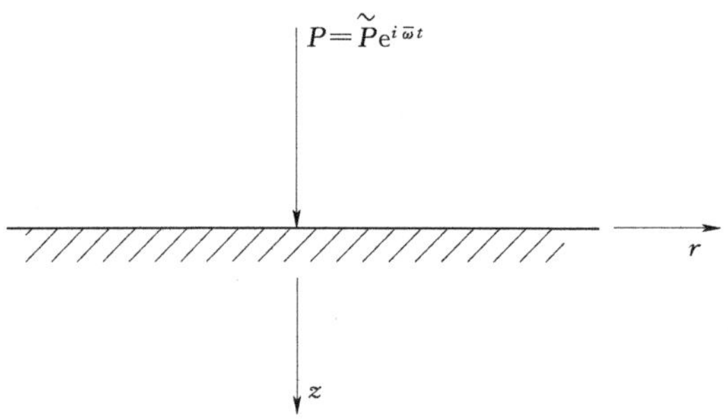

图 6－4　弹性半空间上作用简谐集中力

1. 拉姆问题

拉姆（Lamb）1904 年发表论文讨论了弹性半空间表面受简谐集中力 $P=\widetilde{P}\mathrm{e}^{i\bar{\omega}t}$ 作用的

布辛涅斯克问题（图 6-4），并且给出了半空间表面竖向位移的解答：

$$w(t)=\frac{\widetilde{P}e^{i\bar{\omega}t}}{2\pi G}\int_0^{\infty}\frac{k^2\xi\sqrt{\xi^2-h^2}J_0(\xi r)}{(2\xi^2-k^2)^2-4\xi^2\sqrt{\xi^2-h^2}\sqrt{\xi^2-k^2}}d\xi \tag{6-24}$$

其中 $$k=\frac{\bar{\omega}}{V_s},h=\frac{\bar{\omega}}{V_p},V_s=\sqrt{\frac{G}{\rho}},V_p=\sqrt{\frac{\lambda+2G}{\rho}}$$

式中：$J_0(\xi r)$ 为第一类零阶贝塞尔函数；V_s、V_p 为弹性介质的横波和纵波速度；ρ 为弹性体介质的质量密度；λ 为拉密常数；G 为剪切模量。

2. 弹性半空间上无重刚性圆形基础简谐振动

1936 年，赖斯纳（Reissner）在拉姆工作的基础上，研究了竖向简谐力作用下弹性半空间上刚性圆形基础的位移。他假定地基反力均匀分布（图 6-5）。对拉姆解式(6-24)在圆形区域上积分，得到基础中点位移（并以此作为刚性圆形基础的位移）的计算公式：

$$w(t)=\frac{\widetilde{P}e^{i\bar{\omega}t}}{Gr_0}[f_1(\alpha_0,\mu)+if_2(\alpha_0,\mu)] \tag{6-25}$$

式中：$\widetilde{P}$ 为竖向力幅值；$\bar{\omega}$ 为干扰力圆频率；G、μ 为半空间体的剪力模量、泊松比；r_0 为圆形基础的半径；f_1、f_2 为赖斯纳"位移函数"，它与地基泊松比和无因次频率 α_0 有关。

而 $$\alpha_0=\bar{\omega}r_0\sqrt{\frac{G}{\rho}}=\bar{\omega}r_0V_s$$

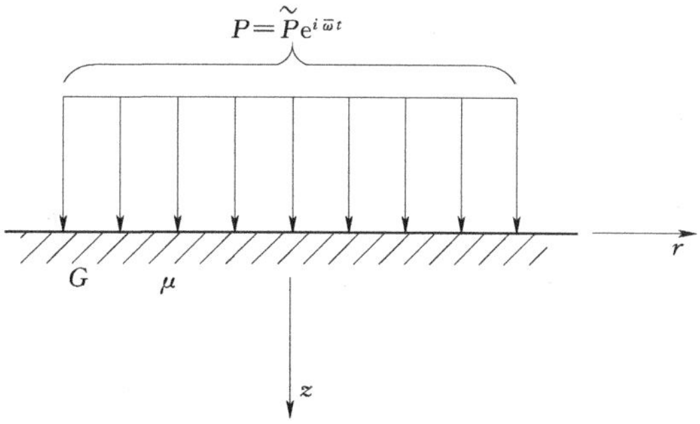

图 6-5 假定地基反力均匀分布

赖斯纳的工作为以后弹性半空间理论的进一步研究奠定了基础。自从他的论文发表以来，该课题的研究逐步发展，基本上是沿下面两条途径进行的。

（1）假定某种接触应力分布。关于应力分布有不同的假定：如均匀分布、抛物线分布和刚性板下静态接触应力分布等(图6-6)，由于假定的应力分布不能保证刚性压块与介质相应的各点位移协调，因此，在位移的确定上又出现了几种不同的处理方法：取中心位移；取中心与边缘位移的平均值；取接触面积内简单平均位移或加权平均位移并使权函数与静态接触应力成比例。计算结果表明，这几种方法求得的平均位移还是比较接近刚性板振动的真实位移。

（2）假定基底等位移分布。即假定刚性板下的介质与刚性板发生相等的线位移和角位移，刚性板与介质光滑接触或完全连续，与刚性板接触以外的介质表面应力为零。这导致一混合边值问题，可用对偶积分方程来表示这些条件。由于解的形式不能用初等函数表示，往往需要将对偶积分方程的核用无穷级数展开，再进行数值积分，所以结果只能是近似值。

进一步研究指出，地基反力分布是与激振力频率相关的。刚性底板的压力分布假定在

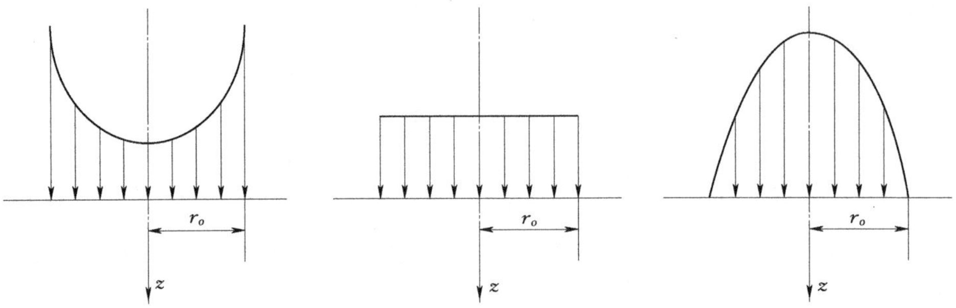

图 6-6　假定不同的应力分布

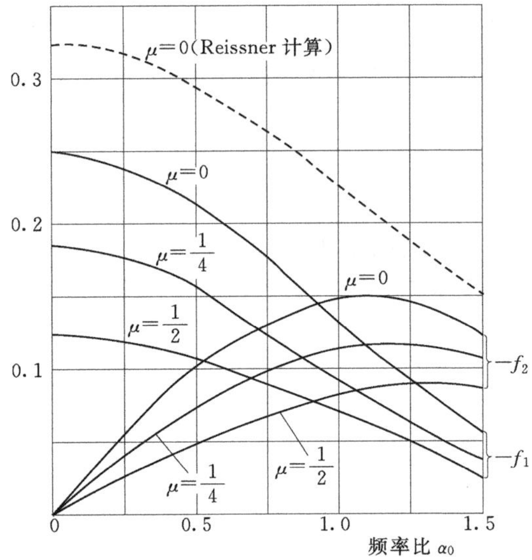

图 6-7　位移函数 f_1 和 f_2

静力条件下虽然能正确预估受荷面的位移，但在动力条件下却不能产生均匀位移。例如，在不同的激振频率下，沙土地基的反力分布当频率较低时接近抛物面，当频率较高时反力向边缘转移。为此，白克劳夫脱（Bycroft）在假定激振力作用下基底反力分布和静荷载的反力分布相同的情况下，利用基础下位移的加权平均值，重新计算了 $\mu=0$、1/4 和 1/2 时的位移函数，如图 6-7 所示。图中虚线为赖斯纳计算的结果。

3. 弹性半空间的等效集中参数及其应用

根据式（6-25)，半径为 r_0 的无重刚性圆盘在竖向简谐力 $P=\widetilde{P}e^{i\bar{\omega}t}$ 作用下的位移为：

$$w(t)=\frac{\widetilde{P}e^{i\bar{\omega}t}}{Gr_0}(f_1+if_2) \tag{6-26}$$

谢（Shich）首先推导了图 6-8 所示基础的运动方程。

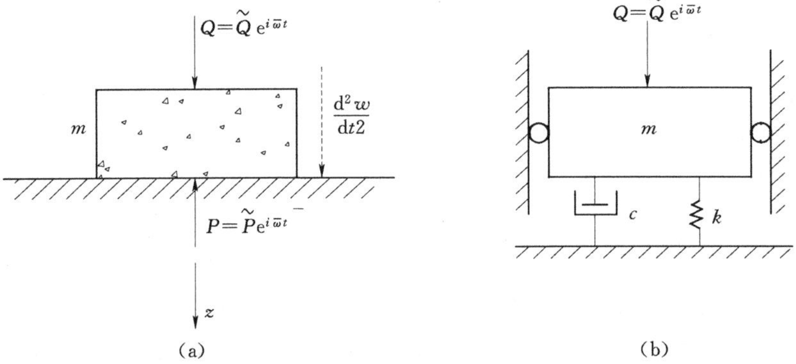

图 6-8　弹性半空间上刚性基础振动

将式（6-26）对时间 t 求导数得

$$\frac{\mathrm{d}\omega}{\mathrm{d}t}=\frac{\widetilde{P}\,\overline{\omega}\,\mathrm{e}^{i\overline{\omega}t}}{Gr_0}(if_1-f_2) \tag{6-27}$$

把式（6-26）和式（6-27）组合，得

$$P=\widetilde{P}\mathrm{e}^{i\overline{\omega}t}=c_z\frac{\mathrm{d}\omega}{\mathrm{d}t}+k_z\omega \tag{6-28}$$

其中

$$c_z=\frac{r_0^2}{\alpha_0}\sqrt{G\rho}\left(-\frac{f_2}{f_1^2+f_2^2}\right)$$

$$k_z=Gr_0\left(\frac{f_1}{f_1^2+f_2^2}\right)$$

由基础的动力平衡条件：

$$m\frac{\mathrm{d}^2\omega}{\mathrm{d}t^2}=Q-P \tag{6-29}$$

将式（6-28）代入式（6-29），得

$$m\frac{\mathrm{d}^2\omega}{\mathrm{d}t^2}+c_z\frac{\mathrm{d}\omega}{\mathrm{d}t}+k_z\omega=Q \tag{6-30}$$

容易看出，式（6-30）与单自由度系统的运动方程完全相似，其中的 c_z 与黏滞阻尼系数相当，k_z 与线弹簧系数相当，但它们都是频率和泊松比的函数。

考虑到赖斯纳位移函数受泊松比的影响较大（图 6-7），莱斯默（ Lysmer ）引用了新的位移函数 F_1、F_2，它们与赖斯纳位移函数的关系为：

$$\left.\begin{aligned}&F_i=\frac{4}{1-\mu}f_i(i=1,2)\\ \text{或}\quad &F_1+iF_2=\frac{4}{1-\mu}(f_1+if_2)\end{aligned}\right\} \tag{6-31}$$

新的位移函数与无因次频率 α_0 的关系见图 6-9，当 $\mu=\frac{1}{4}\sim\frac{1}{3}$时，它们基本上与 μ 无关。采用了新的位移函数后，阻尼系数和弹簧系数的表达式为：

$$\left.\begin{aligned}c_z&=\frac{r_0^2}{\alpha_0}\frac{4\sqrt{G\rho}}{1-\mu}\left(\frac{-F_2}{F_1^2+F_2^2}\right)\\ k_z&=\frac{4Gr_0}{1-\mu}\left(\frac{F_1}{F_1^2+F_2^2}\right)\end{aligned}\right\} \tag{6-32}$$

可以看出，当 $\alpha_0=0$ 时，$\overline{\omega}=0$（静力情况），这时 $c_z=0$，而 $k_z=\frac{4Gr_0}{1-\mu}$。

对于受水平、转动和扭转等不同激振力作用时，可以导出类似的结果。

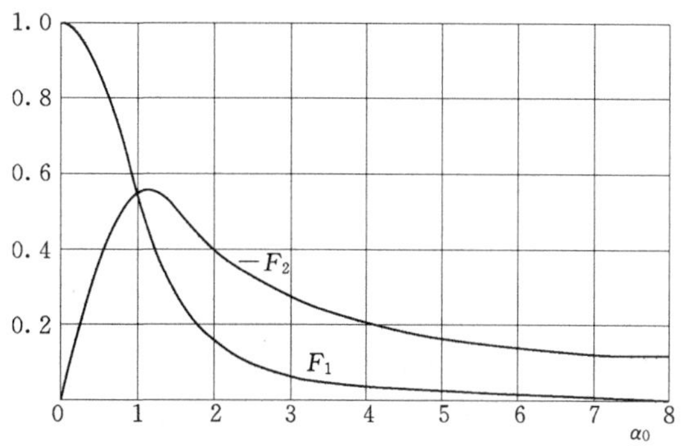

图 6-9 位移函数 F_1 和 F_2

由于上述位移函数 F_1、F_2 以及 c_z、

k_z 等都是频率的复杂函数，为了简化计算，莱斯默建议在近似计算时采用常值，弹簧系数等于静力刚度，阻尼系数则取一定频率范围内的平均值，并考虑地基土体的附加质量 m^*。对于刚性圆板在弹性半空间上的各种振动情况，各系数如下：

（1）竖向振动

$$k_z=K=\frac{4Gr_0}{1-\mu},\quad c_z=1.79\sqrt{K\rho r_0^3},\quad m_z^*=1.50\rho r_0^3 \tag{6-33a}$$

（2）水平振动

$$k_x=\frac{32(1-\mu)Gr_0}{7-8\mu},\quad c_x=1.08\sqrt{K\rho r_0^3},m_x^*=0.28\rho r_0^3 \tag{6-33b}$$

（3）摇摆振动

$$k_\varphi=\frac{8Gr_0^3}{3(1-\mu)},\quad c_\varphi=0.47\sqrt{K\rho r_0^5},\quad m_\varphi^*=0.49\rho r_0^5 \tag{6-33c}$$

（4）扭转振动

$$k_\theta=\frac{16Gr_0^3}{3},\quad c_\theta=1.11\sqrt{K\rho r_0^5},\quad m_\theta^*=0.70\rho r_0^5 \tag{6-33d}$$

上面所举的结果都是对于放置于弹性半空间上的圆形基础而言的。对于矩形基础，如果长宽比小于 2，在实用上可以用等效圆形基础来进行计算。该等效圆形基础半径的确定原则是：对于移动型振动（竖向振动和水平振动），以面积相等为等效条件；对于转动型振动（摇摆振动和扭转振动），以面积惯性矩为等效条件。利用这些等效条件即可求出等效圆形基础的半径。利用上述结果，可以进行受激振力作用的刚性基础的分析，也可以用于结构、基础、地基动力相互作用研究。现以图 6-10所示高度为 h 的单层框架结构为例，说明集中参数法的应用。该结构的质量为 m，劲度系数为 k，阻尼系数为 c；刚性基础的质量为 m_0，半径为 r_0；地基为半空间弹性体，弹性常数为 G、μ，密度为 ρ。略去微小的地基水平运动和转动的耦合作用，可以写出系统的三个动力平衡方程：

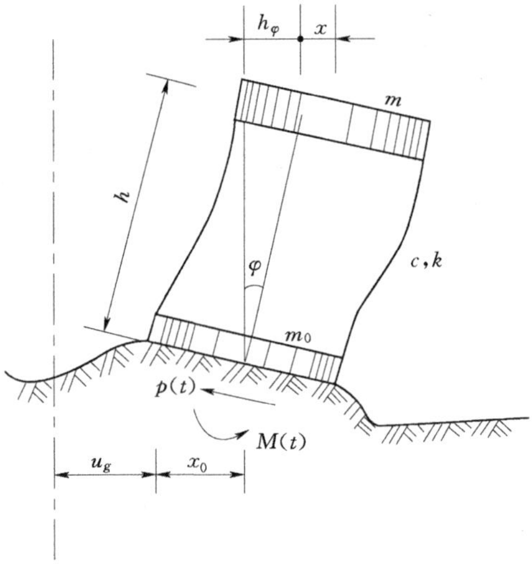

图 6-10　弹性地基上单层框架

$$\left.\begin{aligned} m\ddot{u}+c\ddot{x}+kx=0 \\ m_0\ddot{u}_b+m\ddot{u}+P(t)=0 \\ J_\varphi\varphi+mh\ddot{u}+M(t)=0 \end{aligned}\right\} \tag{6-34}$$

式中：u、u_b 分别为结构质量和基础质量的绝对位移；J_φ 为结构与基础对其形心轴的转动惯量之和；$P(t)$、$M(t)$ 为地基对基础的反力和反力偶。

$$u=x+x_0+h\varphi+u_g$$

$$u_b = u_g + x_0$$

式中：x 为结构质量对基础的相对位移；x_0 为基础相对自由场的位移；φ 为基础的转角；u_g 为自由场位移，即地震引起的自由场地面的位移。

利用地基反力与位移的关系，可以建立两个补充方程：

$$\left.\begin{aligned} P(t) &= c_x \dot{x}_0 + k_x x_0 \\ M(t) &= c_\varphi \varphi + k_\varphi \varphi \end{aligned}\right\} \tag{6-35}$$

将它们代入式（6－35），可得求解 x、x_0、φ 的联合方程组：

$$\begin{bmatrix} m & m & mh \\ m & m+m_0 & mh \\ mh & mh & J\varphi+mh^2 \end{bmatrix}\begin{Bmatrix} \ddot{x} \\ \ddot{x}_0 \\ \ddot{\varphi} \end{Bmatrix} + \begin{bmatrix} c & 0 & 0 \\ 0 & c_x & 0 \\ 0 & 0 & c_\varphi \end{bmatrix}\begin{Bmatrix} \dot{x} \\ \dot{x}_0 \\ \dot{\varphi} \end{Bmatrix}$$

$$+\begin{bmatrix} k & 0 & 0 \\ 0 & k_x & 0 \\ 0 & 0 & k_\varphi \end{bmatrix}\begin{Bmatrix} x \\ x_0 \\ \varphi \end{Bmatrix} = -\begin{Bmatrix} m \\ m+m_0 \\ mh \end{Bmatrix}\ddot{u}_g \tag{6-36}$$

对于具有多个自由度的结构系统，也可建立类似于式（6－36）的方程组。如果采用常量的集中参数，可用逐步积分法或振型叠加法在时间域求解。若采用与频率有关的参数，则需要在频率域内求解。

6.4.2 有限单元法

图 6－11 所示结构为一地基系统的有限元划分。设岩基面是刚性平面，地震波由岩基面向上传播，该面上各结点的地震加速度为 $\{\ddot{y}_b\}$。若岩基面运动已知，可以直接用通常的动力分析方法求结构的地震响应。但是，在一般情况下，只知道地面自由场加速度。为了由地面自由场加速度求解结构—地基的相互作用，可以采取两种方法：① 由地面自由场加速度反推岩基面的运动 $\{\ddot{y}_b\}$，然后求 $\{\ddot{y}_b\}$ 引起的系统的响应；②建立整个系统与地面自由场加速度的关系式，直接由该式求解结构的响应。

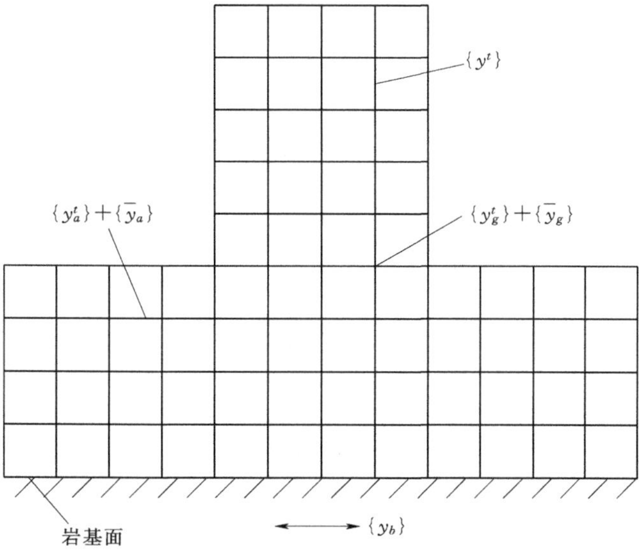

图 6－11 结构与地基系统的有限元划分

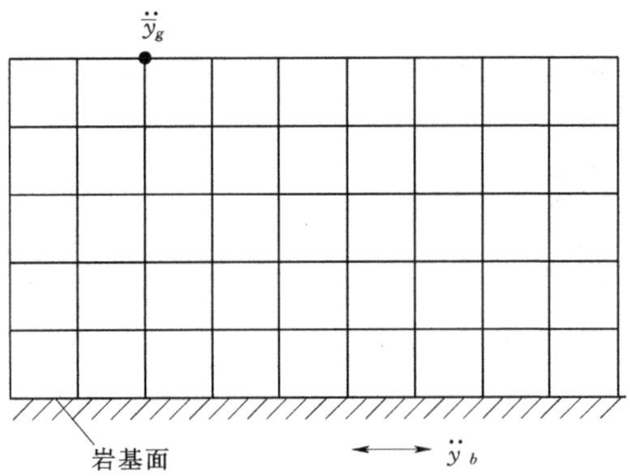

图6-12　受地震作用的土层

下面先介绍由地面加速度反推岩基因加速度的方法。

1. 地基加速度的反演

在进行地基加速度计算时，可以假设岩基丽的运动是一致的，对于图6-12所示土层，可得到岩基面受地震作用的运动方程式：

$$[M]\{\ddot{y}\}+[C]\{\dot{y}\}+[K]\{y\}=-[M]\{\ddot{y}_b\} \tag{6-37}$$

式中：$[M]$、$[C]$、$[K]$分别为地基土层的质量矩阵、阻尼矩阵和劲度矩阵；$\{y\}$、$\{\dot{y}\}$、$\{\ddot{y}\}$分别表示地基土层相对于岩基面的位移、速度和加速度列阵；$\{\ddot{y}_b\}$为岩基面的加速度列阵，若岩基面仅作相同的水平地震运动。

则$\{\ddot{y}_b\}$如下式所示：

$$\{\ddot{y}_b\}=[\ddot{u}_{b1}\quad \ddot{v}_{b1}\quad \ddot{u}_{b2}\quad \ddot{v}_{b2}\quad \cdots]^{\mathrm{T}}=[1\quad 0\quad 1\quad 0\quad \cdots]^{\mathrm{T}}\ddot{y}_b=\{I_x\}\ddot{y}_b \tag{6-38}$$

用振型叠加法求解，假设土体的相对位移可以用较少的P个振型表示：

$$\{y\}=[\Phi]\{Y\} \tag{6-39}$$

其中　$[\Phi]=[\{\phi\}_1\quad \{\phi\}_2\quad \cdots\quad \{\phi\}_p]$，$\{Y\}=[Y_1(t)\quad Y_2(t)\quad \cdots\quad Y_p(t)]^{\mathrm{T}}$

所取振型数的多少，主要取决于两个因素：

(1) 土体自振频率谱的分布。若土体自振频率较低，将有较多个振型被地震运动引起振动，需要考虑的振型数就较多；反之若系统的自振频率较高，需要考虑的振型较少。

(2) 地面运动的频谱特性。若所考虑的地面运动加速度中，高频分量较多，对高振型的激发就较为显著，需要考虑较多的振型数；反之，若所考虑的地面运动加速度中，高频分量较少，只需要考虑少数几个振型就已足够。通常浅层地基地面运动的高频分量较多，需要考虑的振型个数较多；深层地基地面运动的高频分量较少，需要考虑的振型个数就较少。

将式(6-39)代入(6-37)可得：

$$[M][\Phi]\{\ddot{Y}\}+[C][\Phi]\{\dot{Y}\}+[K][\Phi]\{Y\}=-[M]\{I_x\}\ddot{y}_b$$

以$\{\phi\}_j^{\mathrm{T}}$前乘以上式各项，利用振型短阵$[\Phi]$关于质量短阵$[M]$和劲度矩阵$[K]$的正交条件，并假定振型矩阵$[\Phi]$关于阻尼矩阵$[C]$也是正交的，可得P个非耦连的微分方程式：

$$\ddot{Y}_j+2\xi_j\omega_j\dot{Y}_j+\omega_j^2Y_j=-\eta_j\ddot{y}_b(j=1,2,\cdots,P) \tag{6-40}$$

其中

$$\omega_j^2=\frac{\{\varphi\}_j^T[K]\{\varphi\}_j}{\{\varphi\}_j^T[M]\{\varphi\}_j}$$

$$2\xi_j\omega_j=\frac{\{\varphi\}_j^T[C]\{\varphi\}_j}{\{\varphi\}_j^T[M]\{\varphi\}_j}$$

$$\eta_j=\frac{\{\varphi\}_j^T[M]\{I_x\}}{\{\varphi\}_j^T[M]\{\varphi\}_j}$$

式（6－40）中，等式左边均是第 j 阶振型的自振频率，ξ_j 是该振型的阻尼比；等式右边与该振型的振幅、系统的质量和各时刻岩基面的地震加速度 $\ddot{y}_b$ 有关，故是时间 t 的函数，是第 j 振型的振型参与系数。如果已知岩基面的运动 $\ddot{y}_b$，就可以应用式（6－40）求出各振型的响应 $Y_j(t)$，进而由式（6－39）求系统的响应。

现在的问题是由已知地面控制点的绝对加速度 $\ddot{\overline{y}}_g$ 反推岩基面的运动 $\ddot{y}_b$。实践证明，用频率域方法解这类问题是更方便和更有效的。在频率域求解，首先将已知的地面控制点的加速度 $\ddot{\overline{y}}_g$ 进行傅里叶变换，得到

$$\left.\begin{aligned} G(\overline{\omega}) &= \int_{-\infty}^{\infty} \ddot{\overline{y}}_g(t)\mathrm{e}^{-i\overline{\omega}t}\mathrm{d}t \\ \ddot{\overline{y}}_g(t) &= \frac{1}{2\pi}\int_{-\infty}^{\infty} G(\overline{\omega})\mathrm{e}^{i\overline{\omega}t}\mathrm{d}\overline{\omega} \end{aligned}\right\} \tag{6-41}$$

显然，岩基面加速度 $\ddot{y}_b$ 也具有类似的关系：

$$\left.\begin{aligned} B(\overline{\omega}) &= \int_{-\infty}^{\infty} \ddot{y}_b(t)\mathrm{e}^{-i\overline{\omega}t}\mathrm{d}t \\ \ddot{y}_b(t) &= \frac{1}{2\pi}\int_{-\infty}^{\infty} B(\overline{\omega})\mathrm{e}^{i\overline{\omega}t}\mathrm{d}\overline{\omega} \end{aligned}\right\} \tag{6-42}$$

对于 $\ddot{y}_b = 1\times \mathrm{e}^{i\overline{\omega}t}$ 的典型情况，这时振型坐标可以写成：

$$Y_j(t) = \widetilde{Y}_j(\overline{\omega})\mathrm{e}^{i\overline{\omega}t} \tag{6-43}$$

将式（6－43）和 $\ddot{y}_b = 1\times \mathrm{e}^{i\overline{\omega}t}$ 代入式（6－40），可得振型坐标中的复位移响应函数：

$$\widetilde{Y}_j(\overline{\omega}) = -\eta_j H_j(\overline{\omega}) \tag{6-44}$$

其中 $$H_j(\overline{\omega}) = \frac{1}{\omega_j^2}\frac{1}{1-\beta_j^2+2\xi_j\beta_j},\beta_j = \frac{\overline{\omega}}{\omega_j}$$

复加速度响应函数为

$$\ddot{\widetilde{Y}}_j(\overline{\omega}) = -\widetilde{Y}_j(\overline{\omega})\overline{\omega}^2 = \eta_j H_j(\overline{\omega})\overline{\omega}^2 \tag{6-45}$$

于是单位岩基面加速度在控制点引起的第 j 振型的相对加速度传递函数为：

$$Q_j(\overline{\omega}) = \phi_{gj}\eta_j H_j(\overline{\omega})\overline{\omega}^2 \tag{6-46}$$

式中：ϕ_{gj} 为第 j 振型控制点的振型坐标。

总的传递函数为各振型传递函数之和，即：

$$Q(\overline{\omega}) = \sum_{j=1}^{P} Q_j(\overline{\omega}) \tag{6-47}$$

由基岩面加速度引起控制点的相对加速度为：

$$\ddot{y}_g(t) = \frac{1}{2\pi}\int_{-\infty}^{\infty} Q(\overline{\omega})B(\overline{\omega})\mathrm{e}^{i\overline{\omega}t}\mathrm{d}\overline{\omega} \tag{6-48}$$

该控制点的绝对加速度为相对加速度与岩基面加速度之和，即：

$$\begin{aligned} \ddot{\overline{y}}_g &= \ddot{y}_g + \ddot{y}_b \\ &= \frac{1}{2\pi}\int_{-\infty}^{\infty} Q(\overline{\omega})B(\overline{\omega})\mathrm{e}^{i\overline{\omega}t}\mathrm{d}\overline{\omega} + \frac{1}{2\pi}\int_{-\infty}^{\infty} B(\overline{\omega})\mathrm{e}^{i\overline{\omega}t}\mathrm{d}\overline{\omega} \\ &= \frac{1}{2\pi}\int_{-\infty}^{\infty} [Q(\overline{\omega})+1]B(\overline{\omega})\mathrm{e}^{i\overline{\omega}t}\mathrm{d}\overline{\omega} \end{aligned} \tag{6-49}$$

比较式（6－41）的第二式与式（6－49），可以得到：

$$B(\overline{\omega})=\frac{G(\overline{\omega})}{Q(\overline{\omega})+1}$$

并由傅里叶逆变换求得岩基面的加速度：

$$\ddot{y}_b=\frac{1}{2\pi}\int_{-\infty}^{\infty}\frac{G(\overline{\omega})}{Q(\overline{\omega})+1}e^{i\overline{\omega}t}d\overline{\omega} \tag{6-50}$$

所以，用振型叠加法进行计算时，除了应事先求出地基的若干个低阶自振频率和振型外，只需作地面加速度的傅里叶变换，再由式（6－47）求传递函数，然后由式（6－50）得岩基面加速度。

2. “自由场”地震输入的直接解法

图6－11所示结构与地基的有限元划分。地震波由岩基面向上传播，该面的加速度列阵为$\{\ddot{y}_b\}$。

首先研究自由场运动，即结构未建时的地基运动。这时，地基（包括岩基面上的结点）的运动方程为：

$$[\overline{M}]\{\ddot{\overline{y}}\}+[\overline{C}]\{\dot{\overline{y}}\}+[\overline{K}]\{\overline{y}\}=\{\overline{y}\} \tag{6-51}$$

式中：矩阵符号上加短划线表示只与自由场运动有关；$\{\overline{y}\}$为地基的位移列阵，它包括地基本身的位移$\{\overline{y}_c\}$和岩基面的位移$\{y_b\}$。

将式（6－51）按地基与岩基面结点分块，得：

$$\begin{bmatrix}[\overline{M}_c] & [\overline{M}_{cb}]\\ [\overline{M}_{cb}]^T & [\overline{M}_b]\end{bmatrix}\begin{Bmatrix}\ddot{\overline{y}}_c\\ \ddot{y}_b\end{Bmatrix}+\begin{bmatrix}[\overline{C}_c] & [\overline{C}_{cb}]\\ [\overline{C}_{cb}]^T & [\overline{C}_b]\end{bmatrix}\begin{Bmatrix}\dot{\overline{y}}_c\\ \dot{y}_b\end{Bmatrix}$$

$$+\begin{bmatrix}[\overline{K}_c] & [\overline{K}_{cb}]\\ [\overline{K}_{cb}]^T & [\overline{K}_b]\end{bmatrix}\begin{Bmatrix}\overline{y}_c\\ y_b\end{Bmatrix}=\begin{Bmatrix}\{0\}\\ \{P_b\}\end{Bmatrix}$$

展开上式第一式得：

$$[\overline{M}_c]\{\ddot{\overline{y}}_c\}+[\overline{C}_c]\{\dot{\overline{y}}_c\}+[\overline{K}_c]\{\overline{y}_c\}$$
$$=-[\overline{M}_{cb}]\{\ddot{y}_b\}-[\overline{C}_{cb}]\{\dot{y}_b\}-[\overline{K}_{cb}]\{y_b\} \tag{6-52}$$

设建造了上部结构后，岩基面运动不变，这时式（6－52）右端不变，而左端则要加上与结构有关的项。叠加后的形式为：

$$([\overline{M}_c]+[M_c])(\{\ddot{\overline{y}}_c\}+\{\ddot{y}_c^t\})+([\overline{C}_c]+[C_c])(\{\dot{\overline{y}}_c\}+\{\dot{y}_c^t\})+([\overline{K}_c]+[K_c])(\{\overline{y}_c\}+\{y_c^t\})$$
$$=-[\overline{M}_{cb}]\{\ddot{y}_b\}-[\overline{C}_{cb}]\{\dot{y}_b\}-[\overline{K}_{cb}]\{y_b\} \tag{6-53}$$

式中：$[M_c]$、$[C_c]$和$[K_c]$分别表示上部结构的质量矩阵、阻尼矩阵和劲度矩阵；$\{y_c^t\}$为上部结构的总位移和由它引起的地基位移相对于自由场运动的改变量。

虽然式（6－53）全面地描述了结构与地基的相互作用，但由于地震有效力输入以岩基运动形式表示，所以这种形式的运动方程是不经常被采用的。

将式（6－53）的右端用式（6－52）的左端代替，则得：

$$([\overline{M}_c]+[M_c])(\{\ddot{\overline{y}}_c\}+\{\ddot{y}_c^t\})+([\overline{C}_c]+[C_c])(\{\dot{\overline{y}}_c\}+\{\dot{y}_c^t\})+([\overline{K}_c]+[K_c])(\{\overline{y}_c\}+\{y_c^t\})$$
$$=[\overline{M}_c]\{\ddot{\overline{y}}_c\}+[\overline{C}_c]\dot{\overline{y}}_c+[\overline{K}_c]\overline{y}_c \tag{6-54}$$

式（6－54）表示结构与地基系统的运动，方程右端用自由场运动给出了有效地震力向量，这可以作为动力响应分析的一种方法。但是，如果把运动方程写成$\{y_c^t\}$表示的形式，则更加方便。把式（6－54）中与自由场运动有关的向量移到方程有端，经整理后得：

$$
\begin{aligned}
&([\overline{M}_c]+[M_c])\{\ddot{y}_c^t\}+([\overline{C}_c]+[C_c])\{\dot{y}_c^t\}+([\overline{K}_c]+[K_c])\{y_c^t\}\\
&=-[M_c]\{\ddot{\overline{y}}_c\}-[C_c]\{\dot{\overline{y}}_c\}-[K_c]\{\overline{y}_c\}
\end{aligned}
\tag{6-55}
$$

式（6－55）右端还可以进行简化。将$[M_c]$、$[C_c]$和$[K_c]$等按结构、结构与地基交界面、地基三类结点自由度分块：

$$
\{y_c^t\}=\begin{Bmatrix}\{y^t\}\\ \{y_g^t\}\\ \{y_a^t\}\end{Bmatrix}\qquad
\{\overline{y}_c\}=\begin{Bmatrix}\{0\}\\ \{\overline{y}_g\}\\ \{\overline{y}_a\}\end{Bmatrix}
$$

$$
[M_c]=\begin{bmatrix}[M] & [M_g] & [0]\\ [M_g]^{\mathrm{T}} & [M_{gg}] & [0]\\ 0 & 0 & [0]\end{bmatrix}\qquad
[\overline{M}_c]=\begin{bmatrix}[0] & [0] & [0]\\ [0] & [\overline{M}_{gg}] & [\overline{M}_{ga}]\\ [0] & [\overline{M}_{ag}] & [\overline{M}_{aa}]\end{bmatrix}
$$

$$
[C_c]=\begin{bmatrix}[C] & [C_g] & [0]\\ [C_g]^{\mathrm{T}} & [C_{gg}] & [0]\\ [0] & [0] & [0]\end{bmatrix}\qquad
[\overline{C}_c]=\begin{bmatrix}[0] & [0] & [0]\\ [0] & [\overline{C}_{gg}] & [\overline{C}_{ga}]\\ [0] & [\overline{C}_{ag}] & [\overline{C}_{aa}]\end{bmatrix}
$$

$$
[K_c]=\begin{bmatrix}[K] & [K_g] & [0]\\ [K_g]^{\mathrm{T}} & [K_{gg}] & [0]\\ [0] & [0] & [0]\end{bmatrix}\qquad
[\overline{K}_c]=\begin{bmatrix}[0] & [0] & [0]\\ [0] & [\overline{K}_{gg}] & [\overline{K}_{ga}]\\ [0] & [\overline{K}_{ag}] & [\overline{K}_{aa}]\end{bmatrix}
$$

利用上述关系，可以看出式（6－55）右端矩阵相乘都只有一项不为零，即：

$$
[M_c]\{\ddot{\overline{y}}_c\}=\begin{Bmatrix}[M_g]\\ [M_{gg}]\\ [0]\end{Bmatrix}\{\ddot{\overline{y}}_g\}
$$

$$
[C_c]\{\dot{\overline{y}}_c\}=\begin{Bmatrix}[C_g]\\ [C_{gg}]\\ [0]\end{Bmatrix}\{\dot{\overline{y}}_g\}
$$

$$
[K_c]\{\overline{y}_c\}=\begin{Bmatrix}[K_g]\\ [K_{gg}]\\ [0]\end{Bmatrix}\{\overline{y}_g\}
$$

故式（6－55）可以进一步写成：

$$
\begin{aligned}
&([\overline{M}_c]+[M_c])\{\ddot{y}_c^t\}+([\overline{C}_c]+[C_c])\{\dot{y}_c^t\}+([\overline{K}_c]+[K_c])\{y_c^t\}\\
&=-\begin{Bmatrix}[M_g]\\ [M_{gg}]\\ [0]\end{Bmatrix}\{\ddot{\overline{y}}_g\}-\begin{Bmatrix}[C_g]\\ [C_{gg}]\\ [0]\end{Bmatrix}\{\dot{\overline{y}}_g\}-\begin{Bmatrix}[K_g]\\ [K_{gg}]\\ [0]\end{Bmatrix}\{\overline{y}_g\}
\end{aligned}
\tag{6-56}
$$

现在，式（6－56）右端只与地基表面的自由场运动有关，可用来求解结构的位移$\{y_c^t\}$。但是，式（6－56）中涉及自由场的三个运动量$\ddot{\overline{y}}_g$、$\dot{\overline{y}}_g$和$\overline{y}_g$。为了简化计算，可将结构位移$\{y_c^t\}$分解为准静力位移$\{y_c^s\}$和动力位移$\{y_c\}$，即：

$$
\{y_c^t\}=\{y_c^s\}+\{y_c\}
\tag{6-57}
$$

准静力位移可以在式（6－56）中令有关的动力项为零后得到：

$$([\overline{K}_c]+[K_c])\{y_c^s\}=-\begin{Bmatrix}[K_g]\\ [K_{gg}]\\ [0]\end{Bmatrix}\{\overline{y}_g\}$$

由此解得：

$$\{y_c^s\}=[r_c]\{\overline{y}_g\} \tag{6-58}$$

其中

$$[r_c]=-([\overline{K}_c]+[K_c])^{-1}\begin{Bmatrix}[K_g]\\ [K_{gg}]\\ [0]\end{Bmatrix} \tag{6-59}$$

利用式（6－59）和式（6－58），并略去式（6－57）中与阻尼有关的相对较小的有效地震力项。便得到用于求解结构与地基相互作用的运动方程：

$$\begin{aligned}&([\overline{M}_c]+[M_c])\{\ddot{y}_c\}+([\overline{C}_c]+[C_c])\{\dot{y}_c\}+([\overline{K}_c]+[K_c])\{y_c\}\\ &=-\left\{([\overline{M}_c]+[M_c])[r_c]\begin{bmatrix}[M_g]\\ [M_{gg}]\\ [0]\end{bmatrix}\right\}\{\ddot{\overline{y}}_g\}\end{aligned} \tag{6-60}$$

式中：$([\overline{M}_c]+[M_c])$、$([\overline{C}_c]+[C_c])$、$([\overline{K}_c]+[K_c])$ 分别为结构与地基（不包括岩基面结点）的质量矩阵、阻尼矩阵和劲度矩阵；$\{\ddot{\overline{y}}_g\}$为结构与地基交界面结点的自由场加速度。

由式（6－60）解出结构的动力位移$\{y_c\}$，并与准静力位移$\{y_c^s\}$叠加，便得到结构的总位移$\{y_c^t\}$。

通常假设结构与地基交界面的自由场运动是相同的，这时准静力位移是刚体位移，结构的变形和应力只与动力位移有关，结构动力分析工作将得到简化。如果采用集中参数地基模型，则结构与地基接触面自由度$\{\overline{y}_g\}$所对应的对角矩阵$[\overline{M}_c]$、$[\overline{C}_c]$和$[\overline{K}_c]$中的各元素可采用式（6－53）中给出的等效集中参数。对于式（6－60），用振型叠加法求解时，地基阻尼可能远大于上部结构阻尼，阻尼正交性条件不再成立，用振型坐标表示的微分方程互相耦合。如果结构地基系统的运动能用少数几个低阶振型描述，仍可利用它们作为广义坐标，将大型矩阵微分方程组缩减为包括少数几个振型坐标的耦合方程组，然后用逐步积分法求解。

3. 黏滞阻尼边界的设置

上面所述方法适用于土层较浅，有刚性下卧层的情况。当土层很深时，这个方法需要采用很大的地基尺寸和很多的单元数量，计算工作量很大。采用较小的地基范围或采用较大的单元尺寸则不能反映实际情况。因为人为的刚性边界要产生不正常的波反射，而较大的单元尺寸又会阻碍高频振动波的传播。

解决上述困难的一个方法是莱斯默等提出来的，他们建议沿地基边界设置黏滞阻尼器，使这种边界成为非反射边界。莱斯默等人分析了波在边界的反射现象，提出边界法向应力 σ、切向应力 τ 与边界水平位移 u 及竖向位移 w 的速度之间存在下列关系：

（1）水平底部边界

$$\sigma=\rho V_p w,\quad \tau=\rho V_s u \tag{6-61}$$

（2）竖向侧面边界

$$\sigma=\rho V_p u,\ \tau=\rho V_s w \quad (6-62)$$

用这个方案研究了半空间地基上动力基础的振动问题（图 6-13），计算结果与半空间地基模型的“精确解”很吻合。

柯纳（Kunar）等人将莱斯默建议的非反射边界推广应用于地震时平面结构与地基的相互作用分析。他们采用矩形地基范围，沿地基两侧设置铅直约束，容许水平运动；在地基底面的各结点上设置黏滞阻尼器。水平向单位面织的阻尼系数为 ρV_s（主要吸收横波），垂直向单位面积的阻尼系数为 ρV_p（主要吸收纵波）。此处 ρ 为介质密度，V_s 和 V_p 分别为介质的横波和纵波波速。与静力分析不同的是地基底面支承在水平向和铅直向的阻尼器上，这样就显著减小了人为的底面边界的反射波能量。采用这个地基模型后，地震荷载必须以力—时间的形式从基面输入。因为若按通常方法输入基面加速度，则基面结点的速度和位移均已给定，阻尼器对解答将不起作用。

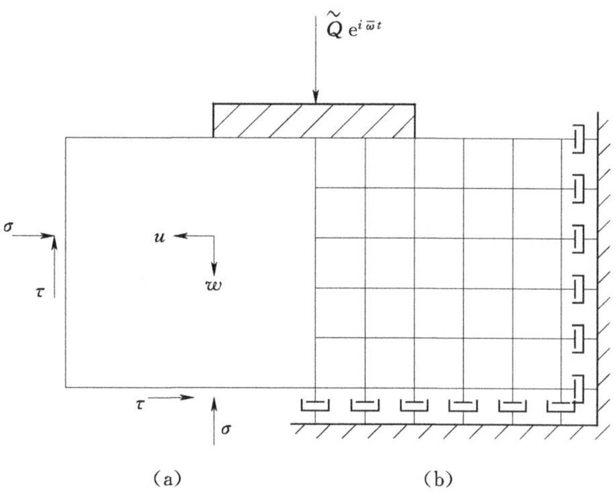

图 6-13 半空间地基上基础及有限元模型

(a) 连续介质；(b) 有限元网格

6.4.3 子结构法

用有限单元法求解结构与地基相互作用问题，主要用于土层较浅，即地面以下不远处有刚性下卧层的情况。这时地基尺寸较小，有限元离散后自由度数目不太多。当土层较厚时，用此方法比较困难，因为采用很大的地基尺寸和很多的单元数量将大大增加计算工作量。在许多情况下，地基自由度数目超过上部结构自由度数目，占去总自由度很大一部分，这是很不经济的。而采用非反射边界时，又不能在基面输入地震加速度。乔拍拉（Chopra ）等建议用子结构法解决这个问题。子结构法的特点是先求出地基的动力劲度矩阵，然后再与结构的运动方程联合求解。这种方法能使自由度数大大减少。现以重力坝为例，说明子结构法的主要内容。

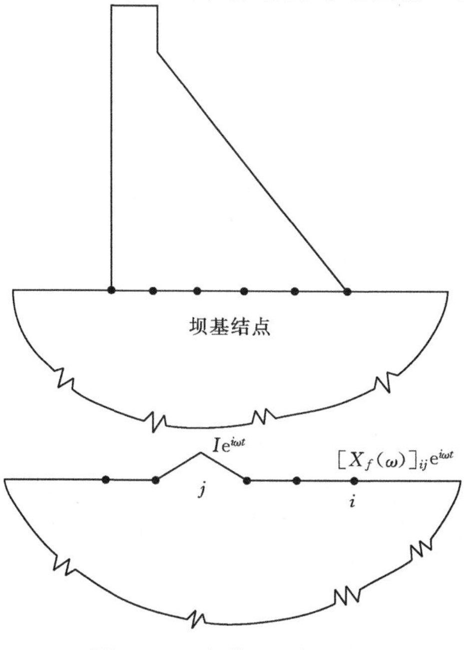

图 6-14 坝体—地基系统

对于图 6-14 所示的坝体—地基系统，写出坝体的运动方程（假设坝基结点自由场运动相同）：

$$[M_c]\{\ddot{y}_c\}+[C_c]\{\dot{y}_c\}+[K_c]\{y_c\}=-[M_c]\{\ddot{y}_g\}+\{R(t)\} \tag{6-63}$$

式中：$\{\ddot{y}_g\}$为自由场地面运动加速度；$\{R(t)\}$为结构与地基交界面上的力向量；$[M_c]$、$[C_c]$、$[K_c]$分别为结构质量、阻尼和劲度矩阵；$\{y_c\}$为结构相对于自由场地面的运动。

将式（6-63）按坝体结点与坝基结点分块（假设$[M_c]$是对角矩阵）：

$$\begin{bmatrix}[M] & [0]\\ [0] & [M_{bb}]\end{bmatrix}\begin{Bmatrix}\{\ddot{y}\}\\ \{\ddot{y}_b\}\end{Bmatrix}+\begin{bmatrix}[C] & [C_b]\\ [C_b]^{\mathrm{T}} & [C_{bb}]\end{bmatrix}\begin{Bmatrix}\{\dot{y}\}\\ \{\dot{y}_b\}\end{Bmatrix}+\begin{bmatrix}[K] & [K_b]\\ [K_b]^{\mathrm{T}} & [K_{bb}]\end{bmatrix}\begin{Bmatrix}\{y\}\\ \{y_b\}\end{Bmatrix}$$

$$=-[M_c]\{\ddot{y}_g\}+\begin{Bmatrix}\{0\}\\ \{R(t)\}\end{Bmatrix} \tag{6-64}$$

在频率域求解，若设地面自由场运动$\{\ddot{y}_g\}=\{I\}e^{i\overline{\omega}t}$，则任何反应值$r(t)=-\tilde{r}(\overline{\omega})e^{i\overline{\omega}t}$，将这个关系式代入式（6-64），便得到以复频响应函数表示的运动方程：

$$\left(-\overline{\omega}^2\begin{bmatrix}[M] & [0]\\ [0] & [M_{bb}]\end{bmatrix}+i\overline{\omega}\begin{bmatrix}[C] & [C_b]\\ [C_b]^{\mathrm{T}} & [C_{bb}]\end{bmatrix}+\begin{bmatrix}[K] & [K_b]\\ [K_b]^{\mathrm{T}} & [K_{bb}]\end{bmatrix}\right)\begin{Bmatrix}\{\tilde{y}(\overline{\omega})\}\\ \{\tilde{y}_b(\overline{\omega})\}\end{Bmatrix}$$

$$=-[M_c]\{I\}+\begin{Bmatrix}\{0\}\\ \{\tilde{R}_b(\overline{\omega})\}\end{Bmatrix} \tag{6-65}$$

在结构与地基交界面上，地基位移$\{y_f\}$是与基底反力$\{R_f\}$相关的。在频率域内，它们相应地为$\{\tilde{y}_f(\overline{\omega})\}$与$\{\tilde{R}_f(\overline{\omega})\}$之间有下列关系：

$$\{\tilde{y}_f(\overline{\omega})\}=[X_f(\overline{\omega})]\{\tilde{R}_f(\overline{\omega})\} \tag{6-66}$$

式中：$[X_f(\overline{\omega})]$为地基的动力劲度矩阵（图 6-14）。

乔柏拉曾针对两种地基模型计算$[X_f(\overline{\omega})]$：①假设地基是长而浅的土层，用有限元法计算坝基结点受单位简谐力作用下的动力响应，对结果求逆后得出地基的动力劲度矩阵$[X_f(\overline{\omega})]$；②地基是半无限弹性体或黏弹性体。由半无限平面体的振动理论推导出$[X_f(\overline{\omega})]$的解析值，由于解答是用复杂函数表示的，所以最后给出一些备用的关系曲线。

根据坝基与地基的连续条件和作用力与反作用力的关系，可得：

$$\{\tilde{R}_b(\overline{\omega})\}=-\{\tilde{R}_f(\overline{\omega})\}=-[X_f(\overline{\omega})]\{\tilde{y}_f(\overline{\omega})\}=-[X_f(\overline{\omega})]\{\tilde{y}_b(\overline{\omega})\} \tag{6-67}$$

将式（6-67）代入式（6-65），使得到求解动力位移响应函数的方程组：

$$\left(-\overline{\omega}^2\begin{bmatrix}[M] & [0]\\ [0] & [M_{bb}]\end{bmatrix}+i\overline{\omega}\begin{bmatrix}[C] & [C_b]\\ [C_b]^{\mathrm{T}} & [C_{bb}]\end{bmatrix}+\begin{bmatrix}[K] & [K_b]\\ [K_b]^{\mathrm{T}} & [K_{bb}]\end{bmatrix}\right)\begin{Bmatrix}\{\tilde{y}(\overline{\omega})\}\\ \{\tilde{y}_b(\overline{\omega})\}\end{Bmatrix}=[M_c]\{I\} \tag{6-68}$$

对于每一个指定的$\overline{\omega}$，可由式（6-68）解出相应的位移响应函数值，将它们乘以坝基自由场地面运动加速度的傅里叶变换系数，然后由傅里叶逆变换求得实际响应。当自由度数很多时，此方案的计算工作量仍然是很大的。但是，如果事先求得无阻尼系统的几个低阶振型，将系统的位移用少数振型表示，可以把式（6-68）简化为只包含少数几个广义坐标的互相耦合的复系数方程组，问题的求解将大为简化。

本节介绍的结构与地基动力相互作用分析的几种主要方法：集中参数法、有限单元法和子结构法。集中参数法的主要优点是可以用少数几个参数来描述地基的动力特征，使求解所需自由度数大大减少，现在这个方法已经用于半无限和多层黏弹性地基的情况，而且也用于长条形和深埋式基础的动力分析。但是这个方法不能解决柔性基础和不均匀或非线性和复杂的地基问题。对于这类问题，可以用有限元法求解。直接有限单元法主要用于土层较浅，即地下不远处有刚性下卧层的情况。这时，地基尺寸比较小，用有限元离散，自由度数目不太多。当土层较深时，用这个方法比较困难。因为采用很大的地基尺寸和很多的单元数量将大大增加计算工作量。子结构法是在弹性半空间理论和直接有限单元法基础上发展起来的一种方法，它既保持了前面两种方法的优点，又克服了两种方法的不足，是一种有效的方法。

6.5　结构与水体的动力相互作用

地震时挡水结构与水体的动力相互作用是结构抗震分析中的重要课题之一。由于水体的质量和弹性的影响，结构的动力响应将发生较大的变化。这种变化往往增大结构的动位移和动应力，所以考虑结构与水体的动力相互作用是很必要的。

6.5.1　刚性墙的动水压力

1. 韦斯特伽德问题

1931 年，韦斯特伽德（Westergaard HM）研究了地震时作用于坝面的动水压力问题。为了研究简单，他假设坝体的挡水面是刚性垂直的，水深为常量，库水向上游无限延伸，地震时的地面运动为水平简谐振动等。根据这些假设，韦氏求解于垂直刚性坝面在水平简谐地面运动下的动水压力。

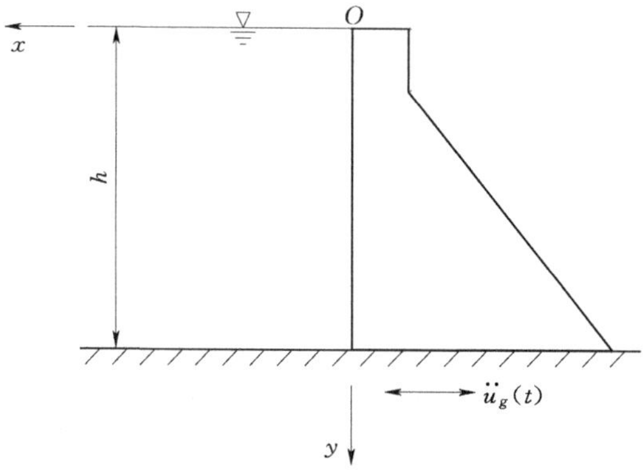

图 6-15　刚性垂直上游面挡水坝

图 6-15 所示垂直刚性挡水坝，受水平地震运动加速度 $\ddot{u}_g(t)=\ddot{u}_0\cos\bar{\omega}t$ 作用。以 p 表示动水压力强度，并以压力为正；ρ 表示水的密度；k 表示水的体积弹性模量；u、v 表示水质点沿 x、y 方向的位移。根据动力平衡条件和物理条件，可以导出求解位移和动水压力的微分方程组：

$$\left.\begin{aligned}\frac{\partial p}{\partial x}&=-\rho\frac{\partial^2 u}{\partial t^2}\\ \frac{\partial p}{\partial y}&=-\rho\frac{\partial^2 v}{\partial t^2}\\ p&=-k\left(\frac{\partial u}{\partial x}+\frac{\partial v}{\partial y}\right)\end{aligned}\right\}\tag{6-69}$$

对于图 6-15 所示问题，有如下边界条件：

$$\left.\begin{array}{l}\text{当 } y=0 \text{ 时}, p=0 \\ \text{当 } y=h \text{ 时}, v=0 \\ \text{当 } x=0 \text{ 时}, \ddot{u}=\ddot{u}_0\cos\overline{\omega}t \\ \text{当 } x\to\infty \text{ 时}, p=0\end{array}\right\} \tag{6-70}$$

满足上述基本微分方程和边界条件的解答为：

$$\left.\begin{aligned}u &= -\frac{4\ddot{u}_0}{\pi\overline{\omega}^2}\cos\overline{\omega}t\sum_{n=1}^{\infty}\frac{1}{(2n-1)}e^{-c_nx}\sin\lambda_ny \\ v &= \frac{4\ddot{u}_0}{\pi\overline{\omega}^2}\cos\overline{\omega}t\sum_{n=1}^{\infty}\frac{1}{(2n-1)c_n}e^{-c_nx}\cos\lambda_ny \\ p &= \frac{4\rho\ddot{u}_0}{\pi}\cos\overline{\omega}t\sum_{n=1}^{\infty}\frac{1}{(2n-1)c_n}e^{-c_nx}\sin\lambda_ny\end{aligned}\right\} \tag{6-71}$$

其中

$$\lambda_n=\frac{(2n-1)\pi}{2h}$$

$$c_n=\sqrt{\lambda_n^2-\frac{\overline{\omega}^2}{c^2}}$$

$$c=\sqrt{\frac{k}{\rho}}$$

为了求坝面受到的动水压力，在式（6-71）的第 3 式中令 $x=0$，便得：

$$p_s=\frac{4\rho\ddot{u}_0}{\pi}\cos\overline{\omega}t\sum_{n=1}^{\infty}\frac{1}{(2n-1)c_n}\sin\lambda_ny \tag{6-72}$$

由式（6-72）可见，坝面上各点动水压力随时间变化规律与地面运动加速度相同，即坝面上各点动水压力的相位与地面运动加速度的相位相同。令式（6-72）中 $\cos\overline{\omega}t=1$ 得到坝面动水压力幅值：

$$\widetilde{p}_s=\frac{4\rho\ddot{u}_0}{\pi}\sum_{n=1}^{\infty}\frac{1}{(2n-1)c_n}\sin\lambda_ny \tag{6-73}$$

由式（6-73）可以得出：

$$\left.\frac{\partial\widetilde{p}_s}{\partial y}\right|_{y=0}=\infty,\quad \left.\frac{\partial\widetilde{p}_s}{\partial y}\right|_{y=h}=0$$

因此，在水库表面，动水压力曲线的切线与坝面垂直；在水库底部，切线与坝面平行，如图 6-16 所示。

应该指出，按式（6-73）计算坝面动水压力幅值时，其值与地震频率画有关。但是，根据韦斯特伽德所做假设，当水体为不可压缩，即 $k\to\infty$、$c\to\infty$ 时，$c_n=\lambda_n$；或当地震周期大于 1s 时，对于中等高度的坝（坝高不大于 100m），式中的 c_n 与 λ_n 值非常接近，故式（6-73）可以简化为：

$$\widetilde{p}_s=\frac{8\rho h\ddot{u}_0}{\pi^2}\sum_{n=1}^{\infty}\frac{1}{(2n-1)^2}\sin\lambda_ny \tag{6-74}$$

在这种情况下，动水压力与地震频率无关。为了应用方便，韦斯特伽德将图 6-16 所示的动水压力图形用抛物线来近似，假设坝面动水压力幅沿坝高按下式变化：

$$\widetilde{p}_s=AK\sqrt{hy},\quad K=\frac{\ddot{u}_0}{g}\text{（地震系数）}$$

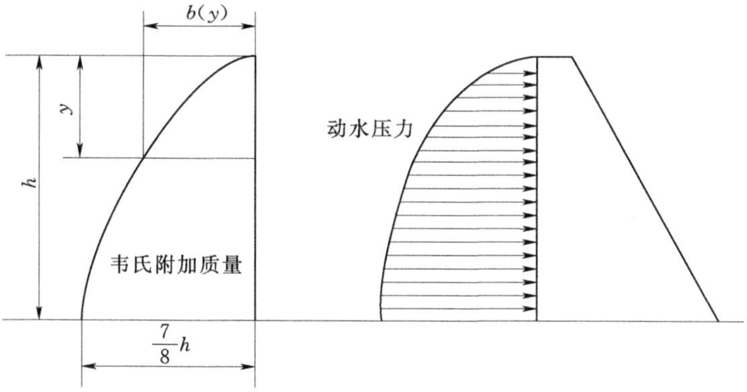

图 6-16 坝面动水压力和附加质量

上式中的参数 A 值可根据坝底的动水压力相等、或总剪力相等、或最大弯矩相等的条件决定。根据实际动水压力对于坝踵的力矩与近似动水压力图形对坝踵力矩相等的条件得到：

$$\widetilde{p}_s=\frac{7}{8}K\sqrt{hy}\quad (\mathrm{t/m^2}) \tag{6-75}$$

式（6-75）通常称为韦斯特伽德动水压力近似公式。

由上述解答得到的动水压力 $\widetilde{p}_s$ 的大小与加速度成正比，方向与加速度相反（当坝面加速度为正时，动水压力指向 x 轴负向），它的特点与惯性力相似。所以，可以用附着于坝面的一定质量的水体来代替水的动力学效应。设附加水体质量的宽度为 $b(y)$，根据附加水体质量的惯性力与坝面动水压力相等的条件有：

$$\widetilde{p}_s=b(y)\left(\frac{v}{g}\right)\ddot{u}_0$$

利用式（6-75）并将水的容重 $v=1\mathrm{t/m^3}$ 代入上式，便得到韦斯特伽德附加质量公式：

$$b(y)=\frac{7}{8}\sqrt{hy} \tag{6-76}$$

式（6-75）常在水工设计中用于计算挡水结构的动水压力，而式（6-76）则在水工模型试验中利用附加质量模拟水的动力学效应。现在，附加质量法不仅用于求刚性结构的动水压力，而且还推广应用于一般弹性挡水结构的抗震分析。

从式（6-72）和式（6-73）可以看出：当 $\overline{\omega}>\frac{(2n-1)\pi c}{2h}$ 时，c_n 为虚数，与式（6-70）中的第 4 个假定不符。所以，韦斯特伽德解答只适用于 $\overline{\omega}<\frac{(2n-1)\pi c}{2h}$ 的情况。当 $n=1$ 时，$\overline{\omega}<\frac{\pi c}{2h}$，即当 $\overline{\omega}$ 符合此条件时，解答才是正确的。应该指出，韦斯特伽德近似公式（6-74）和式（6-75）是 $c_n\approx\lambda_n$ 条件下导出的，这只有在 $\overline{\omega}<\frac{\pi c}{2h}$ 时才有可能。对于不可压缩液体，体积压缩模量 $k\to\infty$，水中声波速度 $c=\sqrt{\frac{k}{\rho}}\to\infty$，这时在任何地震频率

下，都能满足 $\overline{\omega}<\frac{\pi c}{2h}$。

2. 刚性墙动水压力的一般解

韦斯特伽德解答只适用于低频振动情况，下面给出同时适用于高频振动的动水压力解答。

引用速度势 $\phi(x,y,t)$，并设：

$$\left.\begin{aligned}\frac{\partial u}{\partial t}&=\frac{\partial\phi}{\partial x}\\ \frac{\partial v}{\partial t}&=\frac{\partial\phi}{\partial y}\\ p&=-\rho\frac{\partial\phi}{\partial t}\end{aligned}\right\}\tag{6-77}$$

这时，式（6-69）的前两式自然满足，由后一式得到二维波动方程：

$$\frac{\partial^2\phi}{\partial x^2}+\frac{\partial^2\phi}{\partial y^2}=\frac{1}{c^2}\frac{\partial^2\phi}{\partial t^2}\tag{6-78}$$

在水平地震运动 $\ddot{u}_g(t)$ 作用下，若不计表面波的影响，求解刚性垂直挡水坝动水压力的边界条件为：

$$\left.\begin{aligned}&\text{当 } y=0\text{ 时},\frac{\partial\phi}{\partial t}=0\\ &\text{当 } y=h\text{ 时},\frac{\partial\phi}{\partial y}=0\\ &\text{当 } x=0\text{ 时},\frac{\partial^2\phi}{\partial t\partial x}=\ddot{u}_g(t)\\ &\text{当 } x\to\infty\text{时},\frac{\partial\phi}{\partial t}\text{为有限值}\end{aligned}\right\}\tag{6-79}$$

对于简谐振动情况，$\ddot{u}_g(t)=\ddot{u}_0e^{i\overline{\omega}t}$，速度势和动水压力都按相同的规律变化，即：

$$\phi(x,y,t)=\tilde{\phi}(x,y,t)e^{i\overline{\omega}t}$$
$$p(x,y,t)=\tilde{p}(x,y,t)e^{i\overline{\omega}t}$$

将上式代入式（6-78）和式（6-79），可得 $\tilde{\phi}$ 表示的运动方程和边界条件：

$$\frac{\partial^2\tilde{\phi}}{\partial x^2}+\frac{\partial^2\tilde{\phi}}{\partial y^2}+\frac{\overline{\omega}^2}{c^2}\tilde{\phi}=0\tag{6-80}$$

$$\left.\begin{aligned}&\tilde{\phi}|_{y=0}=0\\ &\left.\frac{\partial\tilde{\phi}}{\partial y}\right|_{y=h}=0\\ &i\omega t\left.\frac{\partial\tilde{\phi}}{\partial x}\right|_{x=0}=\ddot{u}_0\end{aligned}\right\}\tag{6-81}$$

满足上述基本微分方程和边界条件的速度势表达式为：

$$\phi=-\frac{4\ddot{u}_0}{i\omega\bar{t}\pi}e^{i\overline{\omega}t}\sum_{n=1}^{\infty}\frac{1}{(2n-1)c_n}e^{-c_nx}\sin\lambda_n y\tag{6-82}$$

其中

$$\lambda_n=\frac{(2n-1)\pi}{2h}$$

$$c_n=\sqrt{\lambda_n^2-\frac{\overline{\omega}^2}{c^2}}$$

由于地震干扰为复数，所以容许速度势表达式中出现带虚数的项。因此，式（6－82）适用于 $\overline{\omega}>\lambda_n c$ 的高频振动情况。

设 n_1 是满足下式的一个正整数：

$$\frac{(2n_1-1)\pi}{2h}>\frac{\overline{\omega}}{c}>\frac{(2n_1-3)\pi}{2h}$$

利用上述关系，将式(6－82)分写成两项：

$$\phi=-\frac{4\ddot{u}_0}{i\,\overline{\omega}\pi}e^{i\overline{\omega}t}\left[\sum_{n=1}^{n_1-1}\frac{-i}{(2n-1)c'_n}e^{-c'_n x}\sin\lambda_n y+\sum_{n=n_1}^{\infty}\frac{1}{(2n-1)c_n}e^{-c_n x}\sin\lambda_n y\right] \tag{6-83}$$

其中

$$c'_n=\sqrt{\frac{\overline{\omega}^2}{c^2}-\lambda_n^2}$$

式（6－83）右端由两项组成，第一项表示波动不随 x 的增大而减弱，即所谓辐射波；第二项表示波动随 x 的增大而减弱，是一种衰减波。因此，在高频振动时，水体中存在两种性质不同的波动，由第一项所表示的辐射波是韦斯特伽德解答中所没有的。

已知速度势 ϕ 后，可以利用式（6－77）中第三式，求得库水中和坝面上的动水压力：

$$p=\frac{4\ddot{u}_0\rho}{\pi}e^{i\overline{\omega}t}\left[\sum_{n=1}^{n_1-1}\frac{-i}{(2n-1)c'_n}e^{-c'_n x}\sin\lambda_n y+\sum_{n=n_1}^{\infty}\frac{1}{(2n-1)c_n}e^{-c_n x}\sin\lambda_n y\right] \tag{6-84}$$

$$p_s=\frac{4\ddot{u}_0\rho}{\pi}e^{i\overline{\omega}t}\left[\sum_{n=1}^{n_1-1}\frac{-i}{(2n-1)c'_n}\sin\lambda_n y+\sum_{n=n_1}^{\infty}\frac{1}{(2n-1)c_n}\sin\lambda_n y\right] \tag{6-85}$$

为了将求得的动水压力与韦斯特伽德解答相比较，设地震运动可用余弦函数来表示，即 $\ddot{u}_g(t)=\ddot{u}_0\cos\overline{\omega}t$，则相应的坝面动水压力等于式（6－85）的实部：

$$p_s=\frac{4\ddot{u}_0\rho}{\pi}\left[\sin\overline{\omega}t\sum_{n=1}^{n_1-1}\frac{1}{(2n-1)c'_n}\sin\lambda_n y+\cos\overline{\omega}t\sum_{n=n_1}^{\infty}\frac{1}{(2n-1)c_n}\sin\lambda_n y\right] \tag{6-86}$$

式（6－86）右端与韦斯特伽德解式（6－72）相比多了前一项。

从式（6－85）可以看出，当 $\overline{\omega}>\frac{\pi c}{2h}$时，坝面受到两种性质的动水压力作用。第二项表示的动水压力，它的相位与地震加速度相同，而方向与地震加速度相反，其作用与惯性力相似，称为动水压力的惯性分量；第一项表示的动水压力，它的相位与地震速度相同，而方向与地震速度相反，与阻尼力相似，可称为动水压力的阻尼分量。动水压力的惯性分量和阻尼分量，它们都与地震干扰频率有关。这就造成了高频振动时坝面各点的动水压力，在各时刻不仅大小不同，而且相位也不同。因此，当地震运动包含高频振动分量时，为了反映动水压力的影响，除了引入附加质量外，还需引入附加阻尼。这种附加阻尼不是由于水的黏滞性引起的，而是由于水体的振动向无限远处传播而造成的能量损失，故称为辐射阻尼或几何阻尼。

如果假设水体为不可压缩，则$\frac{\overline{\omega}}{c}=0$，$n_1=1$，式（6－83）～式（6－86）中都只存在

后一项，这时所得结果与韦斯特伽德解答完全相同。故韦斯特伽德解答对于不可压缩液体而言，在任意干扰频率下都是正确的。

对于韦斯特伽德解答式（6－71）～式（6－73）和本节所得解答式（6－83）～式（6－86），当 $\overline{\omega}=\dfrac{(2n-1)\pi c}{2h}$ 时，得到数值为无限的动水压力，即产生所谓“库水共振”。库水共振现象曾引起许多研究者和极大注意，因为库水共振时的巨大动水压力将造成挡水结构的严重破坏。近年来的一些实验和理论研究表明，库水共振时动水压力趋向无穷大的现象实际上是不存在的。这主要是因为水库底部不是严格的反射边界，振动能量被库底大量吸收的缘故。

【例 6－1】 按刚性垂直坝面假定，求水深 $h=100$m 的水库共振频率。并按式（6－86）求水平地震运动为 $\ddot{u}_g(t)=\ddot{u}_0\cos\overline{\omega}t$ 时，刚性垂直坝面的动水压力分布。

解： 1. 求库水共振频率

库水共振频率：$\omega_n=\dfrac{(2n-1)\pi c}{2h}(n=1,2,\cdots)$；将水中声速 $c=1440$m/s 和 $h=100$m 代入式中，并令 $n=1$，2，…，求出各阶库水共振频率。

第一阶共振频率： $\omega_1=\dfrac{\pi c}{2h}=22.62\ \dfrac{1}{s}$

第二阶共振频率： $\omega_2=\dfrac{3\pi c}{2h}=67.86\ \dfrac{1}{s}$

第三阶共振频率： $\omega_3=\dfrac{5\pi c}{2h}=113.10\ \dfrac{1}{s}$

$$\vdots$$

2. 求动水压力分布

由于当干扰频率等于库水共振频率时的动水压力为无穷大，因此，只给出干扰频率 $\overline{\omega}=0$、$2\omega_1$、$4\omega_1$ 时坝面动水压力幅值。计算结果如图 6－17 所示。图中：p_e^* 为动水压力的惯性分量、p_d^* 为动水压力的阻尼分量，它们分别表示为 $p_e^*=\widetilde{p}_e/\rho h\ddot{u}_0$ 和 $p_d^*=\widetilde{p}_d/\rho h\ddot{u}_0$。

图 6－17（a）给出的动水压力相当于韦斯特伽德解答。$\overline{\omega}=0$ 时，动水压力的阻尼分量为零。在高频振动时，动水压力的惯性分量显著减小，阻尼分量明显增大。但是随着干扰频率的提高，两种分量都有减小的趋势。

3. 一般库底条件及折坡形状刚性坝面的动水压力

前面介绍的解答是在完全反射库底条件下得到的，下面介绍一般库底条件下任意形状刚性坝面动水压力的计算方法。首先推导以动水压力为主变量的基本方程组。将式（6－78）对时间求一阶导数，并利用式（6－77）中第三式，可得：

$$\frac{\partial^2 p}{\partial x^2}+\frac{\partial^2 p}{\partial y^2}=\frac{1}{c^2}\frac{\partial^2 p}{\partial t^2} \tag{6-87}$$

在水体与坝面的交界面 Γ_2 上，边界条件为：

$$\frac{\partial p}{\partial n}=-\rho\ddot{u}_g(t)l \tag{6-88}$$

式中：$\ddot{u}_g(t)$ 为地震水平加速度；l 为坝面法线与 x 轴的夹角余弦。

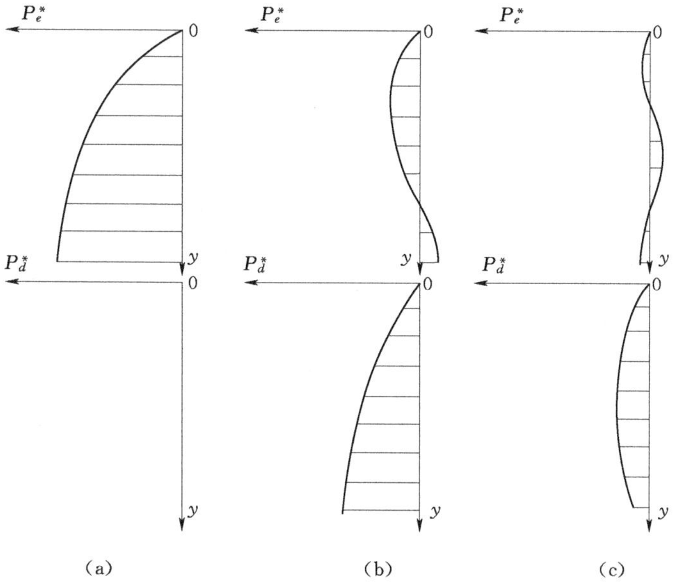

图 6-17 动水压力的惯性分量 p_e^* 和阻尼分量 p_d^*

(a) $\bar{\omega}=0$；(b) $\bar{\omega}=2\omega_1$；(c) $\bar{\omega}=4\omega_1$

当不计表面波时，水库表面 Γ_1 的动水压力为零，即：

$$p=0 \tag{6-89}$$

如果假设库底 Γ_3 是绝对刚性的，能完全反射动水压力波，则边界条件为：

$$\frac{\partial p}{\partial y}=0 \tag{6-90}$$

在水平简谐地面运动 $\ddot{u}_g(t)=\ddot{u}_0 e^{i\bar{\omega}t}$ 作用下，$p=\tilde{p}e^{i\bar{\omega}t}$ 相应的频域方程为：

在 Ω 上
$$\nabla^2\tilde{p}+\frac{\bar{\omega}^2}{c^2}\tilde{p}=0 \tag{6-91}$$

在 Γ_2 上
$$\frac{\partial\tilde{p}}{\partial n}+\rho\ddot{u}_0 l=0 \tag{6-92}$$

在 Γ_1 上
$$\tilde{p}=0 \tag{6-93}$$

对于完全反射库底 Γ_3，边界条件为：

$$\frac{\partial\tilde{p}}{\partial y}=0$$

为了考虑实际库底条件，傅作新教授等提出了库底上层为有限厚淤积泥沙、下层为无限深基岩（图 6-18）所组成的一般库底边界条件：

在 Γ_3 上
$$\frac{\partial\tilde{p}}{\partial y}+\left[\frac{-(\beta_s^2-1)\sin\theta+2i\beta_s}{(\beta_s^2+1)(\beta_s^2-1)\cos\theta}\right]\frac{\bar{\omega}\tilde{p}}{\beta c}=0 \tag{6-94}$$

式中：$\beta_s=\dfrac{\rho_2 c_2}{\rho_1 c_1}$，$\theta=\dfrac{2\bar{\omega}h_1}{c_1}$，$\beta=\dfrac{\rho_1 c_1}{\rho c}$，$\rho$、$\rho_1$、$\rho_2$ 和 c、c_1、c_2 为水体、淤沙、下部基岩的密度和纵波传播速度。

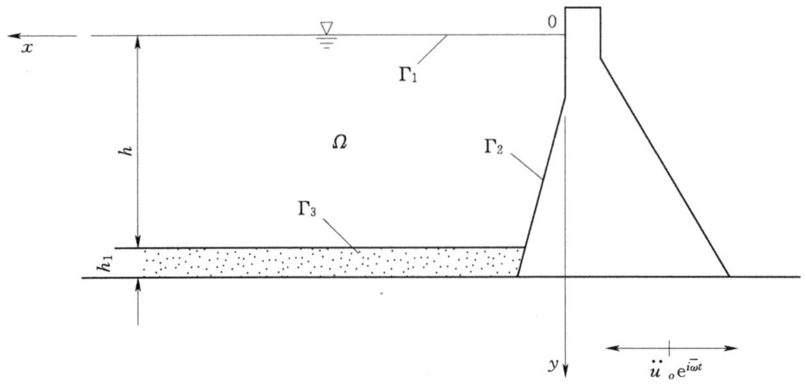

图 6-18　一般库底条件及折坡上游坝面

下面讨论式（6-94）的几种特殊情况：

（1）当淤积层厚度为零时（$h_1=0$），$\theta=0$，由式（6-94）可得：

$$\frac{\partial \tilde{p}}{\partial y}+\frac{i\,\overline{\omega}\tilde{p}}{\beta' c}=0,\beta'=\frac{\rho_2 c_2}{\rho c}$$

这就是畑野提出的部分吸收库底边界条件。

（2）岩石下卧层为绝对刚性时，$E_2\rightarrow\infty$，$\beta_s\rightarrow\infty$，式（6-94）成为：

$$\frac{\partial \tilde{p}}{\partial y}-\frac{\sin\theta}{1+\cos\theta}\frac{\overline{\omega}\tilde{p}}{\beta c}=0$$

上式中第二项与淤积层厚度、材料弹性模量和密度有关，反映淤积层刚度和质量的影响。当 $h_1=0$ 或 E_1、ρ_1 趋于无限大时，便得到完全反射库底边界条件。

在水平简谐地震运动时，求解图 6-18 所示动水压力问题的控制方程式（6-91）～式（6-94），对于图 6-18 所示半无限长水库，可取韦斯特伽德原始解答的基本形式为试函数：

$$\hat{p}(x,y)=\sum_{n=1}^{k}a_n e^{-c_n x}\sin\lambda_n y \tag{6-95}$$

其中

$$c_n=\sqrt{\lambda_n^2-\frac{\overline{\omega}^2}{c^2}}$$

容易看出，式（6-95）满足水体运动方程（6-91）和边界条件式（6-93），为了使所选试函数满足一般库底条件式（6-94）；将式（6-95）代入式（6-94），得到：

$$\sum_{n=1}^{k}a_n e^{-c_n x}\left[\lambda_n h\cos\lambda_n h+(k_1+ik_2)\sin\lambda_n h\right]=0 \tag{6-96}$$

其中

$$k_1=\frac{-(\beta_s^2-1)\sin\theta}{(\beta_s^2+1)+(\beta_s^2-1)\cos\theta}\times\frac{\overline{\omega}h}{\beta c}$$

$$k_2=\frac{2\beta_s}{(\beta_s^2+1)+(\beta_s^2-1)\cos\theta}\times\frac{\overline{\omega}h}{\beta c}$$

因为式（6-96）中的 x 是任意的，为了使该式成立，必须：

$$\lambda_n h\cos\lambda_n h+(k_1+ik_2)\sin\lambda_n h=0 \tag{6-97}$$

这是一个复系数超越方程，它的根应是复数。按照解复系数方程的一般方法，将方程按虚实两部分开，得出以 λ_n 的虚部和实部为未知数的实系数超越方程组，用下降法求得若干个 λ_n 的值，并进一步求出与 λ_n 对应的 c_n。在所求得的 c_n 的两个根中，应保留其实数部分为正值的那一个根，以保证当 x 趋向无穷时动水压力的有限值。

所选的试函数已经满足了式（6－91）、式（6－93）和式（6－94），问题便转化为由坝面条件式（6－92）确定常数 a_n。在坝水交界面上选取 r 个点，分别将各点坐标代入式（6－92），求得该式的余量 R_j 并令其为零，即得配点法方程：

$$R_j=\left[\frac{\partial \tilde{p}}{\partial x}l+\frac{\partial \tilde{p}}{\partial y}m+\rho\,\ddot{u}_0 l\right]_{\substack{x=x_j\\y=y_j}}\ (j=1,2,\cdots,r)$$

将式（6－95）代入上式，得到：

$$R_j=\sum_{n=1}^{k}a_n\mathrm{e}^{-c_nx_j}\left[-lc_n\sin\lambda_ny_j+m\lambda_n\cos\lambda_ny_j\right]+\rho\,\ddot{u}_0 l=0(j=1,2,\cdots,r)\quad(6-98)$$

如果采用等额配点法，取配点数等于试函数项数（$r=k$），则可直接由式（6－98）求出待定常数 a_n；如果采用超额配点法，即配点数大于试函数项数（$r>k$），由式（6－98）不能直接求解。这时可根据最小二乘法原理，要求：$\sum\limits_{j=1}^{r}R_j^2=\min$。式（6－98）等价于下述方程组：$\sum\limits_{j=1}^{r}R_j\dfrac{\partial R_j}{\partial a_n}=0(n=1,2,\cdots,k)$，方程组的数目等于 a_n 的个数。求得待定常数 a_n 后，可求得坝面各点的动水压力。对于任意地面运动，可采用傅里叶变换求得实际动水压力的响应。

【例 6－2】 图 6－19 所示一般库底条件下的刚性垂直坝面重力坝。库底介质的物理性质为：水体：$\rho=1000\mathrm{kg/m^3}$，$c=1440\mathrm{m/s}$；淤沙地基：$\rho_1=1600\mathrm{kg/m^3}$，$c_1=900\mathrm{m/s}$；岩石地基：$\rho_2=2400\mathrm{kg/m^3}$，$c_1=3000\mathrm{m/s}$。试求以下三种情况下垂直刚性坝面的动水压力：①库底为半无限深淤沙地基；②库底为半无限深岩石地基；③库底上层为淤双层、下层为半无限深岩基。

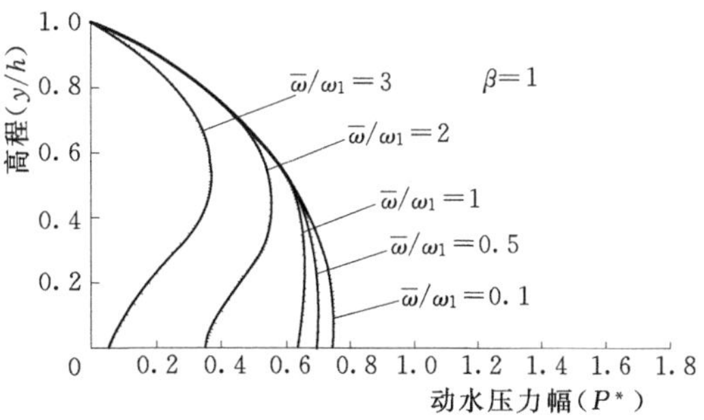

图 6－19 淤沙库底刚性坝面的动水压力

解： 1. 库底为半无限深淤沙地基

计算了 $\dfrac{\bar{\omega}}{\omega_1}=0.1$、0.5、1.0、2.0 和 3.0 时（$\omega_1=\pi c/2h$）坝面的动水压力。无因次动水压力幅的分布如图 6－19 所示。为了比较，在表 6－1 中还给出不同干扰频率时坝踵点无因次动水压力幅值（$p^*=\tilde{p}/\rho h\,\ddot{u}_0$）。

表 6－1 **坝踵点无因次动水压力幅值**

$\dfrac{\bar{\omega}}{\omega_1}$	0.1	0.5	1.0	2.0	5.0
p_R^*	0.73	0.64	0.39	－0.11	－0.024
p_I^*	－0.066	－0.34	－0.51	－0.34	－0.057
$\lvert p^*\rvert$	0.74	0.71	0.64	0.36	0.062

从上述图表可以看出，对于半无限淤沙地基，已没有明显的共振现象发生，而且随着干扰频率的增大，动水压力进一步减小。这是因为辐射阻尼与库底吸收共同作用的缘故。还可以看出，当$\frac{\overline{\omega}}{\omega_1}=0.1$时，动水压力的分布非常接近韦斯特伽德的不可压缩水体的解答。

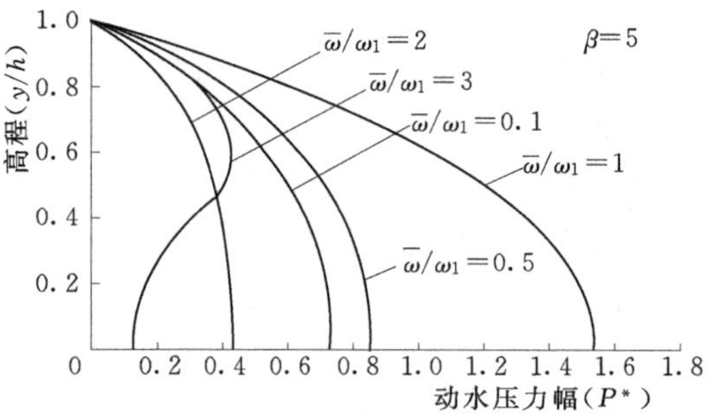

图 6-20　岩石库底刚性坝面的动水压力

2. 库底为半无限深岩石地基

求出了无因次动水压力幅值（图 6-20）和不同干扰频率时坝踵点无因次动水压力幅值（表 6-2）。

表 6-2　坝踵点无因次动水压力幅值

$\frac{\overline{\omega}}{\omega_1}$	0.1	0.5	1.0	2.0	3.0
p_R^*	0.74	0.85	1.04	−0.099	−0.14
p_I^*	−0.014	−0.094	−1.14	−0.43	−0.016
$\lvert p^* \rvert$	0.74	0.85	1.54	0.44	0.14

由于岩石地基的刚度大于淤沙地基，当干扰频率等于库水第一自振频率时，尚有部分共振产生，坝踵最大动水压力值增大到韦斯特伽德解答的 2.07 倍。但如果干扰频率继续提高，动水压力将迅速减小，当$\frac{\overline{\omega}}{\omega_1}=3.0$时（第二库水自振频率），共振现象消失。当$\frac{\overline{\omega}}{\omega_1}=0.1$时，动水压力也非常接近韦斯特伽德不可压缩水体的解答。

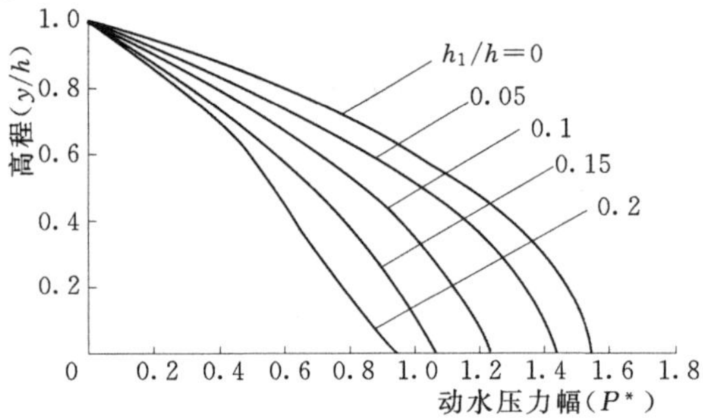

图 6-21　淤积层厚度与动水压力幅的关系

3. 库底上层为淤积层，下层为半无限深岩基

图 6-21 给出地震干扰频率$\frac{\overline{\omega}}{\omega_1}=1.0$时，动水压力与淤积层厚度 h_1 的关系。由图 6-21可以看出，当淤积层厚增加时，动水压力呈减少的趋势。若以淤积层厚度为零时的库底动水压力幅为 100％，则 $h_1/h=0.05$、0.1、0.2 时，库底动水压力分别为 93.4％、80.7％、61.4％。所以，当淤积层厚较大时，需要考虑淤积层厚度对动水压力的影响。

6.5.2　挡水结构的地震响应

前面介绍了刚性坝在简谐地面运动时的动水压力问题。下面讨论考虑坝体变形时挡水坝的动水压力和地震响应分析。

1. 解析法

为了用解析形式表示重力坝的位移，将坝体简化为变截面悬臂梁（图 6-22）。假定混凝土是线弹性材料，如果只考虑结构的弯曲变形，不计结构的阻尼和剪切变形，则在水平地震时坝体的运动方程为：

$$\frac{\partial^2}{\partial y^2}\left[D(y)\frac{\partial^2}{\partial y^2}u(y,t)\right]+m(y)\frac{\partial^2}{\partial t^2}u(y,t)=-m(y)\ddot{u}_g(t)-p_s(y,t)\tag{6-99}$$

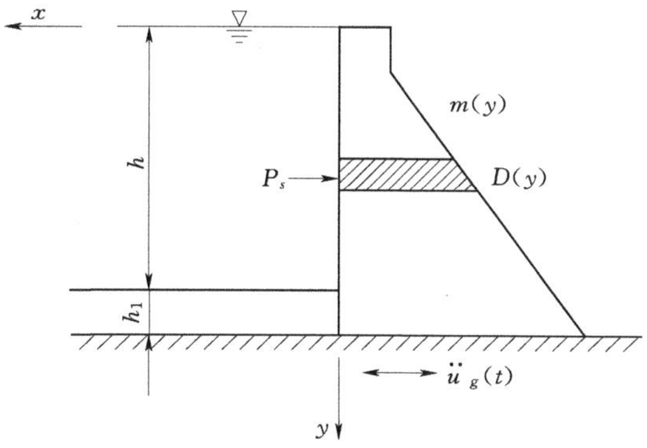

图 6-22　挡水坝系统计算模型

式中：$u(y,t)$为结构截面形心相对地面的水平位移；$\ddot{u}_g(t)$ 为地面运动加速度；$D(y)$ 为结构截面的刚度；$m(y)$ 为结构单位长度的质量；$p_s(y,t)$为坝面动水压力。

式（6-99）中，左端第一项是弹性力，第二项是惯性力，右端第一项是有效地震力，第二项是作用在坝面上的动水压力，与坝面法向加速度有关。该方程式包含了结构位移和动水压力两个未知函数。求解结构位移和动水压力，需要联立求解结构运动方程式（6-99）和水体运动方程式（6-91）及相应的边界条件。直接求解上述耦连的微分方程组是困难的，下面介绍几种实用解法。

(1) 振型分解法：先求出水库无水时结构的自振频率和振型：

$$\omega_1,\omega_2,\cdots,\omega_j,\cdots$$

$$\phi_1(y),\phi_2(y),\cdots,\phi_j(y),\cdots$$

将结构的变形用无水时结构的振型表示：

$$u=\sum_{j=1}^{k}\phi_j(y)Y_j(t)\tag{6-100}$$

将式(6-100)代入式(6-99)中，得到：

$$\sum_{j=1}^{k}\frac{\mathrm{d}^2}{\mathrm{d}y^2}\left[D(y)\frac{\mathrm{d}^2\phi_j}{\mathrm{d}y^2}\right]Y_j(t)+\sum_{j=1}^{k}m(y)\phi_j\frac{\mathrm{d}^2Y_j}{\mathrm{d}t^2}=-m(y)\ddot{u}_g(t)-p_s(y,t)\tag{6-101}$$

在频域求解，研究 $\ddot{u}_g(t)=\mathrm{e}^{i\overline{\omega}t}$ 的典型情况。这时，各响应都可以写成下面形式。

广义位移：　$Y_j(t)=\widetilde{Y}_j(\overline{\omega})\mathrm{e}^{i\overline{\omega}t}$

坝体相对位移：　$u(y,t)=\sum_{j=1}^{k}\phi_j(y)\widetilde{Y}_j(\overline{\omega})\mathrm{e}^{i\overline{\omega}t}$

坝面绝对位移：　$\ddot{u}_a(t)=\left[1-\overline{\omega}^2\sum_{j=1}^{k}\phi_j(y)\widetilde{Y}_j(\overline{\omega})\right]e^{i\overline{\omega}t}$

坝面动水压力：　$p_s(y,t)=\widetilde{p}_s(y,\overline{\omega})\mathrm{e}^{i\overline{\omega}t}$

对于垂直上游坝面和完全反射库底边界条件，可以得到与坝面加速度对应的动水压力幅值：

$$\widetilde{p}_s(y,\overline{\omega})=\frac{4\rho}{\pi}\sum_{n=1}^{\infty}\frac{1}{(2n-1)c_n}\sin\lambda_n y-\frac{2\rho\overline{\omega}^2}{h}\sum_{j=1}^{k}\widetilde{Y}_j(\overline{\omega})\sum_{n=1}^{\infty}\frac{I_{jn}}{c_n}\sin\lambda_n y\tag{6-102}$$

其中

$$c_n=\sqrt{\lambda_n^2-\frac{\overline{\omega}^2}{c^2}}$$

$$\lambda_n=\frac{(2n-1)\pi}{2h}$$

$$I_{jn}=\int_0^h\phi_j(y)\sin\lambda_n y\,\mathrm{d}y$$

若采用一般库底边界条件，则上式中 λ_n 为超越方程式（6－97）的根。

在简谐地震干扰下，方程（6－101）具有如下形式：

$$\sum_{j=1}^{k}\frac{\mathrm{d}^2}{\mathrm{d}y^2}\left[D(y)\frac{\mathrm{d}^2\phi_j}{\mathrm{d}y^2}\right]\widetilde{Y}_j(t)-\sum_{j=1}^{k}m(y)\phi_j\overline{\omega}^2\widetilde{Y}_j=-m(y)-\widetilde{p}_s(y,\overline{\omega})$$

将求得的 $\widetilde{p}_s(y,\overline{\omega})$ 表达式（6－102）代入上式，用 $\phi_j\mathrm{d}y$ 乘方程各项，并对坝高积分，得到求解广义位移 $\widetilde{Y}_j(\overline{\omega})$ 的联立方程组：

$$(\omega_j^2-\overline{\omega}^2)M_j^*\widetilde{Y}_j+R_j^*+P_j^*+\sum_{i=1}^{k}Q_{ji}^*\widetilde{Y}_i=0(j=1,2,\cdots,k)\qquad(6-103)$$

其中

$$M_j^*=\int_0^h m(y)\phi_j^2\,\mathrm{d}y$$

$$R_j^*=\int_0^h m(y)\phi_j\,\mathrm{d}y$$

$$P_j^*=\frac{4\rho}{\pi}\sum_{n=1}^{\infty}\frac{I_{jn}}{(2n-1)c_n}$$

$$Q_{ji}^*=-\frac{2\rho\overline{\omega}^2}{h}\sum_{n=1}^{\infty}\frac{I_{in}I_{jn}}{c_n}$$

由式（6－103）求出广义位移后，就可以由式（6－100）求出结构的相对位移，并可进一步求出结构的内力和应力。利用傅里叶变换可以求出任意地震运动下结构的动力响应。

上面的讨论中，没有考虑结构阻尼和剪切变形的影响，得到比较简单的运动方程式（6－99）。若考虑这些影响，可以在该方程中加入有关的项。这时，得到求解广义位移的复系数代数方程组。虽然未知数增加了一倍，但求解上没有什么困难。若考虑地基变形，可以在该方程的有效地震力项中加入：

$$-m(y)\ddot{x}_0-m(y)(h-y)\ddot{\theta}_0$$

式中：x_0 和 θ_0 为考虑地基弹性变形后，坝基相对于自由场运动的水平位移和转角。

基底剪力 Q_0 和弯矩 M_0 与坝基水平位移和转角的关系如下：

$$\left.\begin{aligned}Q_0&=c_x\frac{\mathrm{d}x_0}{\mathrm{d}t}+k_x x_0\\M_0&=c_\theta\frac{\mathrm{d}\theta_0}{\mathrm{d}t}+k_\theta x_\theta\end{aligned}\right\}$$

上式中的 c_x、k_x、c_θ、k_θ 是地基动力集中参数，它们都是频率和泊松比的函数。对于半空间地基，若采用常量等效集中参数，可参考式（6－33）。

（2）加权余量法：假设结构的变形可以写成如下形式

$$\hat{u}=\sum_{i=1}^{k}U_i(y)Y_i(t)\qquad(6-104)$$

式中：$U_i(y)$ 为满足结构某些边界条件的温函致。

在简谐干扰时，式（6－104）成为：

$$\hat{u}=\sum_{i=1}^{k}U_i(y)\widetilde{Y}_i(t)\mathrm{e}^{i\overline{\omega}t} \tag{6-105}$$

因为式（6－105）表示的位移是假设的，不是方程式（6－99）的正确解答，将式（6－105）代入后将产生余量 R。用加权余量法求解，选择一组权函数 $W_i(i=1,2,\cdots,k)$将它们分别乘以余量 R 并在全域积分，得到下列加权方程：

$$\int_{\Omega}W_iR\mathrm{d}\Omega=0(i=1,2,\cdots,k)$$

加权方程是一组代数方程，其中包括 k 个广义坐标 $\widetilde{Y}_i(\omega)$。若取权函数 $W_i=U_i$，就是著名的伽辽金法。如果取 $W_i=\delta(x-x_i,y-y_i)$，式中 δ 狄拉克函数，就是配点法。

对于图 6－22 所示重力坝，如果试函数取：$U_i=\left(\frac{y}{h}-1\right)^2\left(\frac{y}{h}\right)^{i-1}$，则上式自然满足坝顶和悬臂端边界条件，即式（6－70）中的条件。也可以选择其他形式的试函数，如等截面悬臂梁的振型作为试函数。

将式（6－105）代入式（6－99），在简谐地震作用下，该式成为：

$$\sum_{i=1}^{k}\frac{\mathrm{d}^2}{\mathrm{d}y^2}\left[D(y)\frac{\mathrm{d}^2U_i}{\mathrm{d}y^2}\right]\widetilde{Y}_i-\sum_{i=1}^{k}m(y)\overline{\omega}^2U_i\widetilde{Y}=-m(y)-\widetilde{p}_s(y,\omega) \tag{6-106}$$

坝面绝对加速度的振幅为：$\ddot{u}_a=1-\overline{\omega}^2\sum_{i=1}^{k}U_i(y)\widetilde{Y}_i(\overline{\omega})$。与上述坝面加速度对应的动水压力幅值仍如式(6－102)所示,其中

$$I_{in}=\int_0^hU_i(y)\sin\lambda_ny\mathrm{d}y$$

用伽辽金法建立求解方程,将式(6－102)代入式(6－106),取权函数 $W_i=U_i$。得到求解广义位移 $\widetilde{Y}_i(\omega)$的联立方程：

$$\sum_{i=1}^{k}[U_{ij}^*-\overline{\omega}^2M_{ij}^*+Q_{ij}^*]\widetilde{Y}_i+R_i^*+P_i^*=0(i=1,2,\cdots,k) \tag{6-107}$$

其中

$$U_{ij}^*=\int_0^h\frac{\mathrm{d}^2}{\mathrm{d}y^2}\left[D(y)\frac{\mathrm{d}^2U_j(y)}{\mathrm{d}y^2}\right]U_j(y)\mathrm{d}y$$

$$M_{ij}^*=\int_0^hm(y)U_i(y)U_j(y)\mathrm{d}y$$

$$Q_{ij}^*=-\frac{2\rho\overline{\omega}^2}{h}\sum_{n=1}^{\infty}\frac{I_{in}I_{jn}}{c_n}$$

$$R_i^*=\int_0^hm(y)U_i(y)\mathrm{d}y$$

$$P_i^*=\frac{4\rho}{\pi}\sum_{n=1}^{\infty}\frac{I_{in}}{(2n-1)c_n}$$

比较式（6－107）和式（6－103）可以看出，两者并没有本质上区别，它们都属于耦连方程。因为加权余量法不需事先求解自振特性问题，所以更灵活一些。

2. 有限单元法

上面介绍的解析法适用于简单结构与水体的相互作用分析。对于复杂形状的结构和不

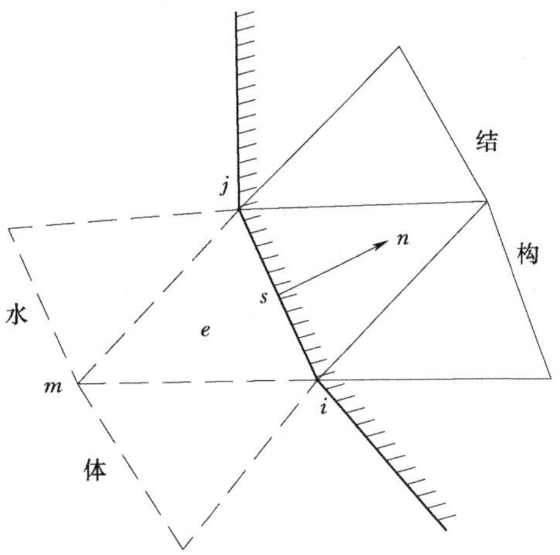

图 6－23　结构和水体的有限元划分

规则库底的情况，可采用有限单元法。

（1）运动方程的离散化将结构和水体用有限单元离散（图 6－23）。对于结构，用矩阵形式表示的动力微分方程如下：

$$[M]\{\ddot{y}\}+[C]\{\dot{y}\}+[K]\{y\}=-[M]\{\ddot{y}_g\}+\{F_s\} \quad (6-108)$$

式中：$[M]$、$[C]$、$[K]$为结构特性矩阵；$\{y\}$为结构位移向量；$\{F_s\}$为动水压力引起交界面上的等效结点力。

在水体内部，动水压力满足下列方程：

$$\frac{\partial^2 p}{\partial x^2}+\frac{\partial^2 p}{\partial y^2}-\frac{1}{c^2}\frac{\partial^2 p}{\partial t^2}=0 \quad (6-109)$$

和边界条件：在水库表面 $p=0$；在交界面上$\frac{\partial p}{\partial x}=-\rho\ddot{u}_n$；其中 $\ddot{u}_n$ 是交界面沿法线方向的绝对加速度，以指向水体外部为正。

设水体单元的压力分布：

$$p(x,y)=[N_iN_j\cdots]\begin{Bmatrix}p_i\\p_j\\\vdots\end{Bmatrix}=[N]\{p\}^e \quad (6-110)$$

式中：N_i、N_j、$\cdots$ 为动水压力形函数；p_i、p_j、$\cdots$为单元结点动水压力。

用加权余量法建立水体求解方程。取动水压力形函数 N_i 为权函数，从运动方程式（6－109）出发，可得到关于结点 i 的加权余量方程式：

$$\iint_\Omega N_i\left(\frac{\partial^2 p}{\partial x^2}+\frac{\partial^2 p}{\partial y^2}-\frac{\ddot{p}}{c^2}\right)\mathrm{d}x\mathrm{d}y=0 \quad (6-111)$$

对式（6－111）的第一项和第二项作分部积分，得：

$$\iint_\Omega N_i\frac{\partial^2 p}{\partial x^2}\mathrm{d}x\mathrm{d}y=\int_\Gamma N_i\frac{\partial p}{\partial x}\mathrm{d}y-\iint_\Omega\frac{\partial N_i}{\partial x}\frac{\partial p}{\partial x}\mathrm{d}x\mathrm{d}y$$

$$=\oint N_i\frac{\partial p}{\partial x}l\,\mathrm{d}s-\iint_\Omega\frac{\partial N_i}{\partial x}\frac{\partial p}{\partial x}\mathrm{d}x\mathrm{d}y$$

$$\iint_\Omega N_i\frac{\partial^2 p}{\partial y^2}\mathrm{d}x\mathrm{d}y=\oint N_i\frac{\partial p}{\partial y}m\,\mathrm{d}s-\iint_\Omega\frac{\partial N_i}{\partial x}\frac{\partial p}{\partial y}\mathrm{d}x\mathrm{d}y$$

式中：l、m 为水体边界外法线与 x、y 轴夹角的余弦；$\oint$ 表示沿水体边界积分。

利用边界条件及下述关系：

$$\frac{\partial p}{\partial x}l+\frac{\partial p}{\partial y}m=\frac{\partial p}{\partial n}$$

式（6－111）可写成：

$$\oint\rho N_i\ddot{u}_n\mathrm{d}s+\iint_\Omega\left(\frac{\partial N_i}{\partial x}\frac{\partial p}{\partial x}+\frac{\partial N_i}{\partial y}\frac{\partial p}{\partial y}+\frac{N_i\ddot{p}}{c^2}\right)\mathrm{d}x\mathrm{d}y=0 \quad (6-112)$$

对每一个水体单元的结点都可以写出类似的方程，从而得到确定水体运动的方程组。

按照有限单元法的计算步骤，先求出各单元对式（6－112）的贡献。设某单元 e 的一条边界 s 是水体与结构的交界面（图 6－23）。该单元对式（6－112）的贡献为：

$$\oint_s \rho N_i \ddot{u}_n \mathrm{d}s + \iint_{\Omega^e}\left(\frac{\partial N_i}{\partial x}\frac{\partial [N]}{\partial x}+\frac{\partial N_i}{\partial y}\frac{\partial [N]}{\partial y}\right)\mathrm{d}x\mathrm{d}y\{p\}^e+\frac{1}{c^2}\iint_{\Omega^e} N_i[N]\mathrm{d}x\mathrm{d}y\{\ddot{p}\}^e$$

式中：Ω^e 表示在单元面积上积分。

上式中的绝对加速度 $\ddot{u}_n$ 可以写成：

$$\ddot{u}_n=[L][\overline{N}](\{\ddot{y}_g\}+\{\ddot{y}\}^e)$$

式中：$[\overline{N}]$为沿边界 s 上描述结构位移的形函数；$[L]$为将坐标方向的加速度分量转换成法向加速度的几何转换矩阵；$\{\ddot{y}_g\}$和$\{\ddot{y}\}^e$ 分别为地面运动加速度和结构对地面运动的相对加速度。

对于图 6－23 的情况：

$$[L]=[\cos(n,x),\cos(n,y)]$$

根据同样的方法，可以写出该单元对结点 j、m 的贡献，并将它们合并写成：

$$\rho\int_s [N]^{\mathrm{T}}[L][\overline{N}]\mathrm{d}s(\{\ddot{y}_g\}+\{\ddot{y}\}^e)+\iint_{\Omega}\left(\frac{\partial [N]^{\mathrm{T}}}{\partial x}\frac{\partial [N]}{\partial x}+\frac{\partial [N]^{\mathrm{T}}}{\partial y}\frac{\partial [N]}{\partial y}\right)\mathrm{d}x\mathrm{d}y\{p\}^e$$

$$+\frac{1}{c^2}\iint_{\Omega^e}[N]^{\mathrm{T}}[N]\mathrm{d}x\mathrm{d}y\{\ddot{p}\}^e=\rho[s]^e(\{\ddot{y}_g\}+\{\ddot{y}\}^e)+[h]^e\{p\}^e+[g]^e\{\ddot{p}\}^e$$

将各水体单元的贡献集合起来，便得到 j 以矩阵表示的水体运动方程：

$$[H]\{p\}+[G]\{\ddot{p}\}+\rho[S](\{\ddot{y}_g\}+\{\ddot{y}\}^e)=0 \tag{6－113}$$

可以证明，在结构与水体交界面上，动水压力的等效结点力与动水压力之间存在下面关系：

$$\{F_s\}=[S]^{\mathrm{T}}\{p\}$$

利用上式，可将结构动力方程（6－108）写成下述形式：

$$[M]\{\ddot{y}\}+[C]\{\dot{y}\}+[K]\{y\}=-[M]\{\ddot{y}_g\}+[S]^{\mathrm{T}}\{p\} \tag{6－114}$$

式（6－113）和式（6－114）就是求解水体与结构动力相互作用的矩阵微分方程组。联立求解上述耦合方程，可以得到结构变形和水体的动水压力。但是，由于问题离散后未知数较多，同时求解两类不同性质的未知量也不方便，所以通常寻求解耦的方法，以简化计算。

（2）频率域解法。对于简谐地震地面运动情况$\{\ddot{y}_g\}=\{\widetilde{\ddot{y}}_g\}\mathrm{e}^{i\overline{\omega}t}$，在线弹性条件下，各分量的响应可以表示为$\{y\}=\{\widetilde{y}\}\mathrm{e}^{i\overline{\omega}t}$，$\{p\}=\{\widetilde{p}\}\mathrm{e}^{i\overline{\omega}t}$，利用此式代入式（6－113）和式（6－114），得到：

$$([H]-\omega^2[G])\{\widetilde{p}\}+\rho[S](\{\widetilde{\ddot{y}}_g\}-\overline{\omega}^2\{\widetilde{y}\})=0$$

$$([K]+i\omega[C])\{\widetilde{y}\}+[M](\{\widetilde{\ddot{y}}_g\}-\overline{\omega}^2\{\widetilde{y}\})=[S]\{\widetilde{p}\}$$

由前一式解出$\{\widetilde{p}\}$，并代入第二式后，得稳态简谐干扰下结构的运动方程：

$$[K]\{\widetilde{y}\}+i\overline{\omega}[C]\{\widetilde{y}\}-\overline{\omega}^2[M^*]\{\widetilde{y}\}=-[M^*]\{\widetilde{\ddot{y}}_g\} \tag{6－115}$$

其中 $[M^*]=[M]+[M_W]$，$[M_W]=\rho[S]^{\mathrm{T}}([H]-\overline{\omega}^2[G])^{-1}[S]$

式（6－115）中的$[M^*]$称为相当质量矩阵，它由两部分组成：第一部分是原来结构的质量矩阵；第二部分是动水压力的附加质量矩阵，与干扰频率 $\overline{\omega}$ 有关。求得各频率的复频响应后，利用傅里叶变换求解结构的实际位移响应。

(3) 采用水体不可压缩假设如果假设水体不可压缩，则水中声波速度 $c \to \infty$，于是矩阵 $[G]=0$，由式（6－113）可解得：

$$\{\tilde{p}\}=-[H]^{-1}\rho[S](\{\ddot{y}_g\}+\{\ddot{y}\})$$

利用上式从式（6－114）中消去 $\{\tilde{p}\}$，得：

$$[M^{**}]\{\ddot{y}\}+[C]\{\dot{y}\}+[K]\{y\}=-[M^{**}]\{\ddot{y}_g\} \tag{6-116}$$

其中 $$[M^{**}]=[M]+[M_p],[M_p]=\rho[S]^{T}[H]^{-1}[S]$$

式（6－116）与无水时的结构运动方程具有相同的形式，只是用相当质量矩阵 $[M^{**}]$ 代替无水时结构运动方程中的质量矩阵 $[M]$。$[M^{**}]$ 由两部分组成，其中与动水压力有关的附加质量矩阵 $[M_p]$ 与干扰频率无关，因此可采用常规的动力分析方法，在时间域求解结构的动力响应。

以水体不可压缩假设为基础的实用解法与频率域解法相比，频率域解法中的附加质量矩阵 $[M_W]$ 与干扰频有关，所以只能在频率域求解。虽然采用快速傅里叶变换技术可以提高计算效率，由于对每一个指定的频率都要进行大型复系数矩阵的求逆运算，计算工作量仍然很大，在实用中，往往采用以水体不可压缩假定为基础的求解方法。这时，附加质量矩阵与频率无关，可采用无水时结构的动力分析方法。所以，这种解法在结构抗震分析中被广泛应用。

【例 6－3】 以印度柯依那（Koyna）重力坝的抗震分析作为程序的应用例子。该坝是混凝土重力坝，在正常设计荷载条件下按不出现拉应力作为设计控制标准。1967 年 12 月 11 日，大坝经受最大地面加速度约为 $0.5g$ 的地震过程，致使大坝颈部开裂。图 6－24 为该坝非溢流坝段的断面图，图 6－25 为该坝的有限元网格。所采用的数据为：混凝土动弹性模量 $E=3.15\times10^{7}\text{kN/m}^2$，容重 $\gamma=2.65\text{t/m}^3$，阻尼比 $\xi_1=\xi_2=\xi_3=\xi_4=\xi_5=0.05$，动荷载作用下混凝土的抗拉强度 $[\sigma_L]=3000\text{kN/m}^2$，地震时大坝水位根据实际情况取：$h_w=91.0\text{m}$。

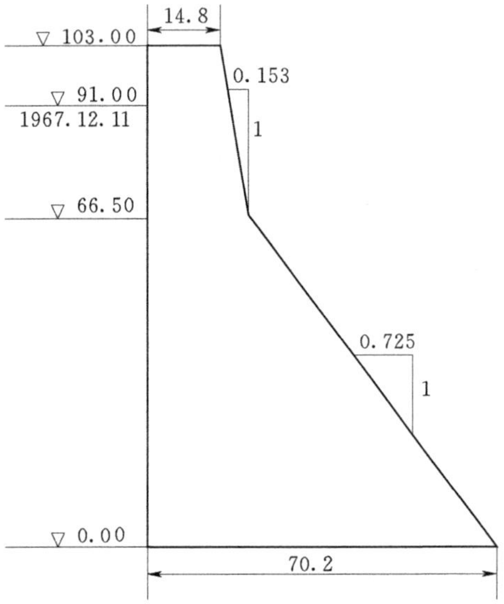

图 6－24　Koyna 坝断面图（单位：m）

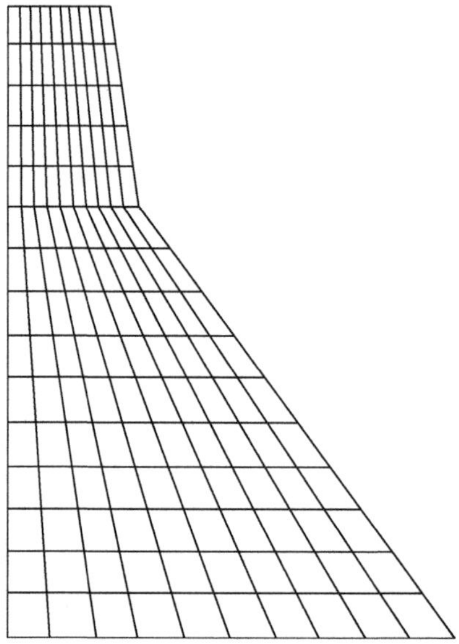

图 6－25　Koyna 坝有限元网格图

解： 表 6-3 给出该坝空库和满库时的各阶自振周期。

表 6-3　柯依那重力坝的自振周期

振　型	1	2	3	4	5
空库	0.316	0.120	0.091	0.062	0.040
满库	0.366	0.138	0.092	0.067	0.043

用振型叠加法求解，取结构前五阶振型。由于缺乏柯依那坝地震加速度的数值记录，采用海仑那（Helena）地震波进行分析，并将最大地面加速度按比例调整到 0.5g。图 6-26 为坝顶位移历时曲线。图 6-27 为上游面坝体颈部正应力历时曲线。从计算结果可以看出，坝体颈部拉应力达到 4431kN/m^2 时，即使叠加静应力的计算结果，也将超过坝体混凝土的容许抗拉强度，从而表明在大坝颈部折坡变化处将发生开裂，这与实际观测到的裂缝位置也是吻合的。

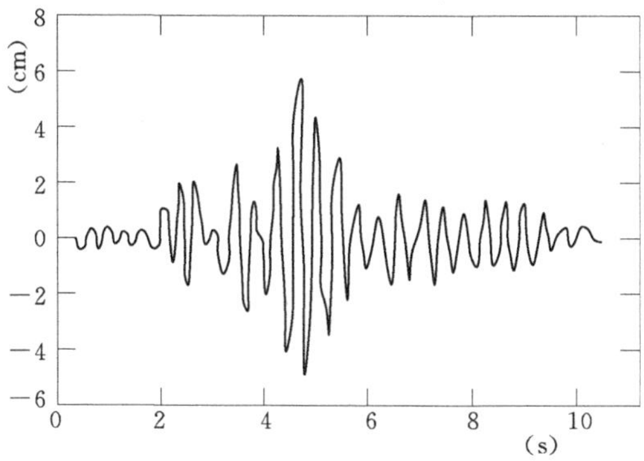

图 6-26　坝顶水平位移响应时程曲线

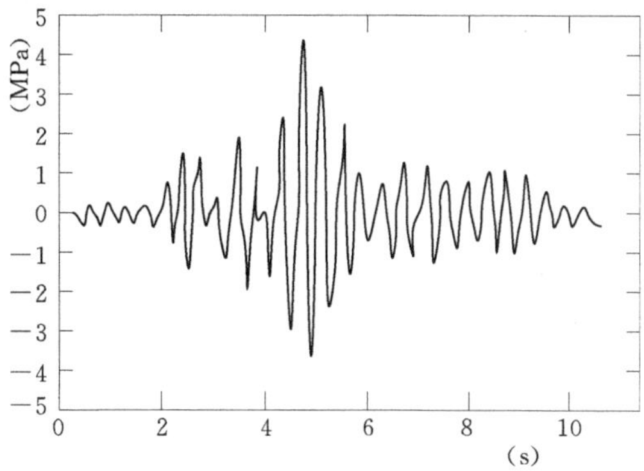

图 6-27　坝颈正应力 σ_y 响应时程曲线

3. 子结构法

子结构法由乔柏拉（Chopra）首先提出。该法对结构系统用有限元离散，从而可用有限元法求解结构的自振特性和应力。由于这个方法需要用到水库动水压力的解析解，所以只适用于上游坝面是铅直或接近铅直的情况。现以具有垂直挡水面的重力坝受水平地震为例说明子结构法的应用。

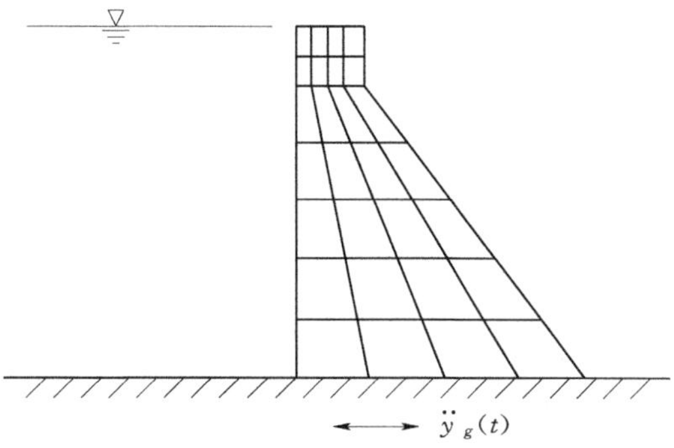

图 6-28　水平地震作用下的重力坝系统

图 6-28 所示平面重力坝，在水平地震下，考虑动水压力的作用，运动方程为：

$$[M]\{\ddot{y}\}+[C]\{\dot{y}\}+[K]\{y\}=-[M]\{I_x\}\ddot{y}_g(t)+\{F_s\} \tag{6-117}$$

式中：$\ddot{y}_g(t)$为水平地震加速度；$\{I_x\}$为与地震方向对应的指示列阵，对于水平地震，$\{I_x\}=[1\quad 0\quad 1\quad 0\quad \cdots]^{\mathrm{T}}$。

假设已求得了无水时结构的前 p 阶振型：$\{\phi\}_1$、$\{\phi\}_2$、$\cdots$、$\{\phi\}_p$。

将坝体的运动按无水振型展开：

$$y=[\Phi]\{Y\} \tag{6-118}$$

其中

$$[\Phi]=[\{\phi\}_1 \quad \{\phi\}_2 \quad \cdots \quad \{\phi\}_p]$$

$$\{Y\}=[Y_1(t) \quad Y_2(t) \quad \cdots \quad Y_p(t)]^{\mathrm{T}}$$

将式（6-118）代入式（6-117），利用结构振型$\{\phi\}_i$关于质量矩阵和劲度矩阵的正交性，并假定它们关于阻尼矩阵也满足正交条件，可以导出关于振型坐标的求解方程：

$$M_i^*\ddot{Y}_i+C_i^*\dot{Y}_i+K_i^*Y=-L_i\ddot{y}_g+F_i(i=1,2,\cdots,p) \tag{6-119}$$

其中

$$M_i^*=\{\phi\}_i^{\mathrm{T}}[M]\{\phi\}_i$$

$$C_i^*=\{\phi\}_i^{\mathrm{T}}[C]\{\phi\}_i$$

$$K_i^*=\{\phi\}_i^{\mathrm{T}}[K]\{\phi\}_i$$

$$L_i=\{\phi\}_i^{\mathrm{T}}[M]\{I_x\}$$

$$F_i=\{\phi\}_i^{\mathrm{T}}\{F_s\}$$

若地面运动为简谐干扰 $\ddot{y}_g=\mathrm{e}^{i\overline{\omega}t}$，各动力响应为：

坝体的广义位移：　$Y_i=\widetilde{Y}_i(\overline{\omega})\mathrm{e}^{i\overline{\omega}t}$

坝面的动水压力：　$p_s=\widetilde{p}_s e^{i\overline{\omega}t}$

坝面绝对加速度：　$\{y_s(t)\}=\left(\{I_x\}-\overline{\omega}^2\sum_{j=1}^{k}\{\phi\}_i^*Y_j\right)e^{i\overline{\omega}t}$

上式中的$\{\phi\}_i^*$ 为各振型对应的上游坝面的振幅列阵。

与上述坝面加速度对应的动水压力复频响应如式（6-102）所示。将该式分两部分写出：

$$\widetilde{p}_0(y,\overline{\omega})=\frac{4\rho}{\pi}\sum_{n=1}^{\infty}\frac{1}{(2n-1)c_n}\sin\lambda_n y$$

$$\widetilde{p}_j(y,\overline{\omega})=-\frac{2\rho\overline{\omega}^2\widetilde{Y}_j}{h}\sum_{n=1}^{\infty}\frac{I_{jn}}{c_n}\sin\lambda_n y$$

其中

$$c_n=\sqrt{\lambda_n^2-\frac{\overline{\omega}^2}{c^2}}$$

$$\lambda_n=\frac{(2n-1)\pi}{2h}$$

$$I_{jn}=\int_0^h\{\phi\}_i(y)\sin\lambda_n y\,\mathrm{d}y$$

若采用一般库底条件，上式中的 λ_n 为超越方程式（6-97）的根。由上式求出它们对应的等效结点力向量$\{\widetilde{F}_0(\overline{\omega})\}$和$\{\widetilde{F}_j(\overline{\omega})\}$，总的结点力向量为：

$$\{\widetilde{F}_s(\overline{\omega})\}=\{\widetilde{F}_0(\overline{\omega})\}+\sum_{j=1}^{k}\{\widetilde{F}_j(\overline{\omega})\}$$

将上述关系代入第 i 个振型方程式（6-119），得

$$(-\overline{\omega}^2M_i^*+i\overline{\omega}C_i^*+K_i^*)\widetilde{Y}_i(\overline{\omega})$$

$$=-L_i+\{\varphi\}_i^{\mathrm{T}}\left(\{\widetilde{F}_0(\overline{\omega})\}+\sum_{j=1}^{k}\widetilde{Y}_j(\overline{\omega})\{\widetilde{F}_j(\overline{\omega})\}\right)(i=1,2,\cdots,k) \tag{6-120}$$

该振型是一个耦合的复系数代数方程组，可表示为：

$$\begin{bmatrix} s_{11}(\overline{\omega}) & s_{12}(\overline{\omega}) & \cdots & s_{1k}(\overline{\omega}) \\ s_{21}(\overline{\omega}) & s_{22}(\overline{\omega}) & \cdots & s_{21}(\overline{\omega}) \\ \vdots & \vdots & \vdots & \vdots \\ s_{k1}(\overline{\omega}) & s_{k2}(\overline{\omega}) & \cdots & s_{kk}(\overline{\omega}) \end{bmatrix} \begin{Bmatrix} \widetilde{Y}_1(\overline{\omega}) \\ \widetilde{Y}_2(\overline{\omega}) \\ \vdots \\ \widetilde{Y}_k(\overline{\omega}) \end{Bmatrix} = \begin{Bmatrix} L_1(\overline{\omega}) \\ L_2(\overline{\omega}) \\ \vdots \\ L_k(\overline{\omega}) \end{Bmatrix} \tag{6-121}$$

式中 $$s_{ij}(\overline{\omega}) = \overline{\omega}^2 \{\phi\}_i^{\mathrm{T}} \{\widetilde{F}_j(\overline{\omega})\}$$

当 $i \neq j$ 时，$$s_{ii}(\overline{\omega}) = (-\overline{\omega}^2 M_i^* + i\,\overline{\omega} C_i^* + K_i^*) + \overline{\omega}^2 \{\phi\}_i^{\mathrm{T}} \{\widetilde{F}_i(\overline{\omega})\}$$

$$L_i(\overline{\omega}) = -L_i + \{\phi\}_i^{\mathrm{T}} \{\widetilde{F}_0(\overline{\omega})\}$$

由式（6-121）解出 $\widetilde{Y}_i(\overline{\omega})$ 后，就可进一步求得结构位移、加速度的复频响应。利用傅里叶变换可进一步求得任意地震下弹性挡水结构的地震响应。结构与水体动力相互作用的研究虽然已有多个世纪的历史，但并不能认为问题已经解决。解析法通常只适用于简单结构和规则的水域。有限单元法能解决复杂结构和不规则水域的动力相互作用问题，但计算工作量很大。特别是对于复杂结构，若考虑水的可压缩性，用有限元法进行相互作用分析，则是一个很繁重的工作。假设水体不可压缩，可以导出与水体运动无关的附加质量矩阵，将结构与水体动力相互作用问题转化为一般的结构动力学问题，使问题得到很大简化。

本章复习思考题

（1）结构与地基之间是怎样相互作用的？

（2）结构与水体之间是怎样相互作用的？

（3）库底淤沙对坝体地震响应的影响是什么？

参 考 文 献

[1] 李杰．地震工程学导论［M］．北京：地震出版社，1992.
[2] 胡聿贤．地震工程学［M］．北京：地震出版社，2006.
[3] 沈聚敏．抗震工程学［M］．北京：中国建筑工业出版社，2000.
[4] 赵光恒．结构动力学［M］．北京：中国水利水电出版社，1996.
[5] 祁庆和．水工建筑物［M］．北京：中国水利水电出版社，1997.
[6] 闫毅志．库底淤沙对混凝土坝地震响应的影响研究［D］．南京：河海大学，2009.
[7] 水工建筑物抗震设计规范（SL 203—97）［S］．北京：中国水利水电出版社，1997.